多刚体系统动力学在架空线路风致偏摆运动中的研究与应用

胡　鑫　邓海顺　多　超　著

东北大学出版社

·沈　阳·

ⓒ 胡 鑫 邓海顺 多 超 2024

图书在版编目（CIP）数据

多刚体系统动力学在架空线路风致偏摆运动中的研究
与应用／胡鑫，邓海顺，多超著. -- 沈阳：东北大学
出版社，2024. 10-- ISBN 978-7-5517-3627-5

Ⅰ. TM726. 3

中国国家版本馆 CIP 数据核字第 20248XX752 号

出 版 者：东北大学出版社
　　　　　地址：沈阳市和平区文化路三号巷 11 号
　　　　　邮编：110819
　　　　　电话：024-83683655（总编室）
　　　　　　　　024-83687331（营销部）
　　　　　网址：http://press.neu.edu.cn
印 刷 者：辽宁一诺广告印务有限公司
发 行 者：东北大学出版社
幅面尺寸：170 mm×240 mm
印　　张：10. 5
字　　数：188 千字
出版时间：2024 年 10 月第 1 版
印刷时间：2024 年 10 月第 1 次印刷
责任编辑：白松艳
责任校对：刘新宇
封面设计：潘正一
责任出版：初 茗

ISBN 978-7-5517-3627-5　　　　　　　　　定 价：59. 80 元

前　言

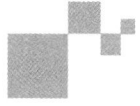

现代科学与工程技术提出了许多复杂系统的动力学问题，虽然经典力学方法原则上可用于建立任意系统的微分方程，但随着系统内结构数目和自由度的增加，以及各结构之间约束方式的复杂化，方程的推导过程变得极其烦琐。为适应现代计算技术的发展，多刚体系统动力学在经典力学的基础上应运而生。如果许多复杂机械系统变形对于运动的影响可以忽略，那么都可以被视为多刚体系统，如各种车辆、航天器、机器人等。

架空线路作为我国电力能源输送的主要载体，在长距离架设过程中，会不可避免地经过各式各样的复杂地形与恶劣气候地区，架空线路在强风流体作用下易发生偏摆运动。在此过程中，如果造成电气安全间隙过小，就容易引发短路跳闸事故，并且，由于风致偏摆运动的持续性，架空线路闪络跳闸后重新合闸成功率较低，严重影响人民群众的正常生活，造成巨大的经济损失与社会影响。因此，如何合理分析架空线路风致偏摆运动幅度并建立可行的防治措施，如何将多刚体系统动力学有效地应用于架空线路风致偏摆运动分析，都是值得探索的问题。

本书共 7 章加附录。第 1 章、第 3 章、第 4 章、第 7 章由安徽理工大学胡鑫撰写，第 2 章和附录由安徽理工大学邓海顺撰写，第 5 章和第 6 章由安徽理工大学多超撰写。本书由胡鑫统稿。

感谢安徽理工大学高层次引进人才科研启动基金（2022yjrc99）资助以及对本书出版的大力支持，感谢华北电力大学王璋奇教授的倾心指导。

著者对多刚体动力学理论、架空线路风致偏摆多刚体动力学模型建立、运动特征分析等方面内容做了系统阐述，希望能为相关领域的科技工作者、工程技术人员提供参考。著者在撰写过程中，参考了其他学者的相关内容，在此表示感谢，同时，感谢华北电力大学田瑞博士提出的宝贵意见。受著者理论水平和实践经验所限，本书中难免有不足之处，敬请广大读者批评指正。

胡　鑫

2024 年 2 月于安徽理工大学

目　录

第1章 绪 论

◆◇ 1.1 引 言

多刚体系统动力学(dynamics of multi-rigid-body systems)是研究多个刚体按照确定连接方式组成的系统运动与受力之间关系的学科。各刚体之间的连接物称为铰,不同形式的铰允许所连接的刚体作不同的相对运动,如滑移、定轴转动、纯滚动等。

虽然经典力学方法原则上可用于建立任意系统的微分方程,但随着系统内分体数和自由度的增加,以及分体之间约束方式的复杂化,方程的推导过程变得极其烦琐。为适应现代计算技术的飞速发展,如果许多复杂机械系统变形对于运动的影响可以忽略,那么都可以被视为多刚体系统,如飞机起落架机械臂、航天器、机器人甚至人体。要制造这些复杂系统,就需要了解其运动及受力原理,如研究和制造机器人就要求知道作用在各关节的控制力与手端的运动之间的关系,而多刚体系统动力学可以很好地满足这类分析的需求。

架空线路常年暴露在自然环境中,易在强风流体作用下产生偏摆运动,尤其是对于复杂气象区域的架空输电线路,一旦发生风致偏摆运动造成电气安全间隙缩小,就容易引发短路跳闸事故,严重影响电网系统运行与人民群众的正常生活,造成巨大的经济损失与社会影响。为此,如何合理分析架空线路风致偏摆运动幅度并建立可行的防治措施,如何将多刚体系统动力学有效地应用于架空线路风致偏摆运动分析,都是值得探索的问题。

本章将首先简要介绍多刚体系统动力学的发展历史;然后以架空输电线路风致偏摆运动为对象,介绍其工程背景与研究现状;最后介绍工程中典型的架空线路风致偏摆运动防治方法。

◈ 1.2　多刚体系统动力学发展历史简述

多刚体系统动力学是在经典力学基础上发展而来的新学科分支。由欧拉、拉格朗日等人奠基的经典刚体动力学发展至今，已有二百余年，经典刚体动力学研究的主要对象为单个刚体的受力与运动，研究成果可以解释一些重要的力学现象，如陀螺仪的进动、物理摆的运动等，但对于相互联系的两个及以上刚体研究却很少涉及。随着现代科学技术的飞速发展，经典刚体动力学研究受到极大的冲击，这种新情况可以概括为两个方面——复杂机械系统大量出现与数字计算能力快速增长[1]。为此，经典力学研究方法必须加以变革，以适应新时代的要求。

处理由多个刚体组成的系统，原则上可以利用传统的矢量力学方法或分析力学方法，但随着刚体数目的增多，刚体与刚体之间的连接状态与约束方式会变得极为复杂。使用矢量力学方法时，需要对系统中的刚体进行隔离分析，铰约束力的出现会使未知变量的数目显著增加，因此，早期的多刚体系统研究文章都致力于消除铰的约束反力，如 Schwertassek 和 Roberson[2] 的方法、Schiehlen[3] 的方法等都是在牛顿–欧拉方程的基础上进行了针对性的表述。采用分析力学方法时，可以避免出现不作功的铰约束反力，减少未知变量的数目，但随着系统刚体数量与自由度的增加，动能与势能的计算量急剧增加，导致公式推导过程烦琐枯燥，且当系统参数有变化时，就必须重新推导，因此，如何利用计算机代替手工推导也可以作为多刚体系统研究的一种方向[4]。

1966 年，Roberson 和 Wittenburg[5] 创造性地将图论引入多刚体系统动力学，使这个学科分支跨入新的阶段。他们利用图论的一些基本概念和数学工具，成功地描绘了系统内各个刚体之间的联系，将系统结构引进运动学和动力学的计算公式。Roberson-Wittenburg 方法以十分优美的风格处理了树结构多刚体系统。对于非树结构多刚体系统，则必须利用铰切割或刚体分割方法转变为树结构多刚体系统进行处理。

Kane 方法是一种分析复杂系统的方法，最先被应用于分析复杂航天器，后来发展为使用范围更为广泛的普遍性方法[6-8]。这种方法源于 Gibbs 和 Appell 的伪坐标概念，其特点是利用广义速率代替广义坐标描述系统的运动，并将矢量形式的力与达朗贝尔惯性力朝着特定基矢量方向投影，以消除理想约束力，因而兼具矢量力学与分析力学的特点。

以上叙述了多刚体系统动力学发展进程中的几种主要研究方法。此外，还有矢量网格法[9]、变换算子法[10]、旋量法[11]等，这些方法虽然风格迥异，但目标一致，都是为了实现一种高度程序化、适用于计算机编程的动力学方程建立方法，使用者只需输入具体的系统参数，计算机就能将系统动力学方程自动编排出来，进而完成系统的响应计算、结构分析与优化设计工作。

◆◇ 1.3 架空线路风致偏摆的工程背景

近年来，随着经济建设的快速发展，我国用电量已居世界首位。为了保障与提升电力能源的输送配给能力，大规模的电网建设必不可少。在长距离的送电过程中，架空输电线路不可避免地会经过各式各样的复杂地形与恶劣气候地区，大风、覆冰等极端天气严重危害着架空线路的正常运行[12-14]，2016—2019年度，自然灾害造成全国 220 kV 及以上架空线路非计划停运共计 786 次，极端天气等自然因素引起的故障性停电约占全国故障停电次数统计的 1/3，其中大风风害事故影响位居故障停电原因首位，如图 1-1 所示[15]。

大风风害不仅会增加架空线路受力，破坏线路的结构强度，而且会引起架空线路大范围位移，导致电气安全间隙不足。在诸多风害事故中，架空线路风致偏摆(简称"风偏")引起的闪络事故具有范围广、次数多、危害大等特点，是

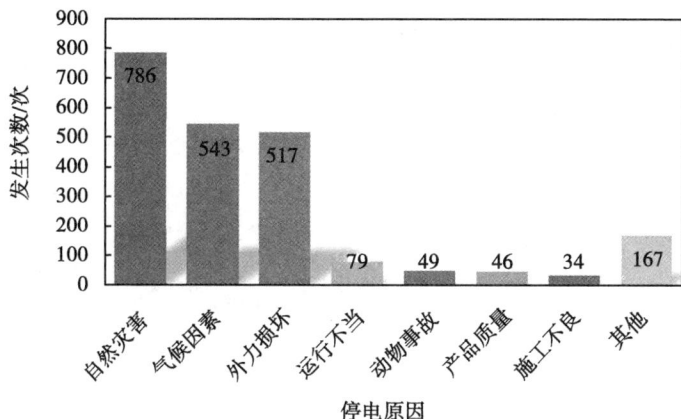

(a)非计划停运责任原因分类

运行维护 4.75%
其他 4.04%
主网影响 6.33%
大风风害 15.62%
产品质量 1.695%
雷害 6.00%
设备老化 15.11%
设备原因 16.80%
自然因素 39.60%
灾害 5.38%
其他气候因素 3.60%
其他外力因素 7.82%
外力因素 25.13%
用户影响 12.35%
外部施工 2.94%
动物因素 2.21%
交通破坏 3.00%
异物 9.16%

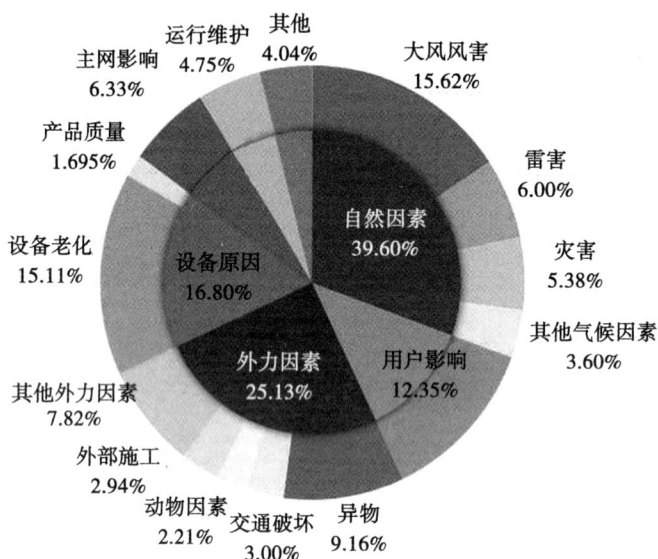

(b)故障停电原因分类占比

图 1-1　全国架空线路停运停电原因分类

大风气象下线路停运的主要原因,也是众多学者和设计人员重点关注的对象[16]。以我国重要的能源外送基地宁夏为例,据国家电网有限公司(以下简称"国网公司")统计资料显示[17],自 2005 年 1 月至 2017 年 2 月,宁夏石嘴山地区 220 kV 及以上架空输电线路因强风故障跳闸 13 次,其中风偏闪络引起跳闸 9 次,占总体比例的 69.2%,是当地风害事故发生的主要原因。

架空线路主要由悬垂绝缘子串与导线构成,如图 1-2(a)所示。在大风载荷作用下,架空线路的悬垂绝缘子串与输电导线偏离初始位置[如图 1-2(b)所

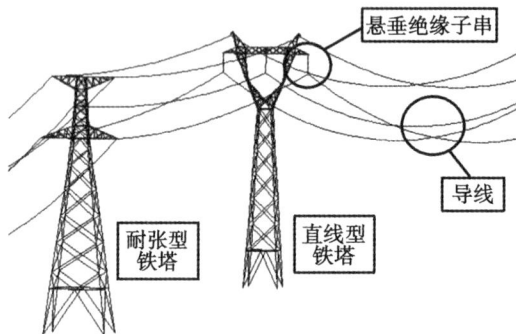

(a)架空线路构成示意图

(b)风偏现象

图 1-2　架空线路构成与风偏现象

示], 并在新位置附近做往复摇摆运动。在此过程中, 当带电导体与邻近物体 (如铁塔、树木等) 之间的距离过近, 其电气强度不足以承受线路运行电压时, 就会引发放电现象, 即发生风偏闪络, 造成架空线路跳闸。由于风偏运动的持续性, 架空线路闪络跳闸后重新合闸成功率较低[18], 严重影响和威胁电网系统的正常运行, 造成巨大的经济损失与社会影响。

因此, 探索和建立准确、高效、便于使用的架空线路风偏动力学计算模型与分析方法, 开展微地形微气象环境下架空线路动态响应特性及风偏防治措施有效性的研究工作, 分析架空线路不同相导线非同期摇摆原因, 不仅可以深化对架空线路动态风偏响应的理解, 而且能够为线路结构设计、风偏防治装置研究等提供理论支持, 从而有效提升架空线路建设及运维管理水平, 提高电网安全运行可靠性, 保障国家能源优化配置战略的顺利进行, 具有显著的工程应用价值与理论指导意义。

◆◇ 1.4 架空线路风致偏摆的研究发展

1.4.1 架空线路风偏的传统研究方法

架空线路风偏位移的传统计算研究主要集中在静力学分析方法[19-21]。静力学分析方法将风压视为静态力, 均匀作用于悬垂绝缘子串与输电导线上, 且认为悬垂绝缘子串与输电导线在合力作用下达到静态平衡位置时风偏角取得最大值, 以此确定架空线路的最大风偏位移。

静力学分析方法对悬垂绝缘子串风偏位移的研究主要包括两种计算模型, 即弦多边形模型与刚体直棒模型[22], 如图 1-3 所示。弦多边形模型认为, 悬垂绝缘子串由多个刚性直杆串联铰接而成, 每个刚性直杆代表一片绝缘子, 其承受该片绝缘子所受的水平风载荷与重力载荷, 绝缘子串下端受到导线水平档距风载荷与垂直档距重力载荷作用, 以此考虑输电导线对悬垂绝缘子串风偏位移的影响。模型受力分析结束后, 根据各个刚性直杆的静力平衡条件, 可以依次计算风偏角, 最终确定绝缘子串整体风偏角与下端带电导线的风偏位移。

由此可见, 弦多边形模型适用范围广, 可以考虑玻璃、陶瓷等盘形绝缘子串在风偏过程中各片绝缘子的相对角位移, 但由于其计算烦琐[23], 在实际工程应用中, 设计人员更青睐通过刚体直棒模型计算悬垂绝缘子串的风偏角。

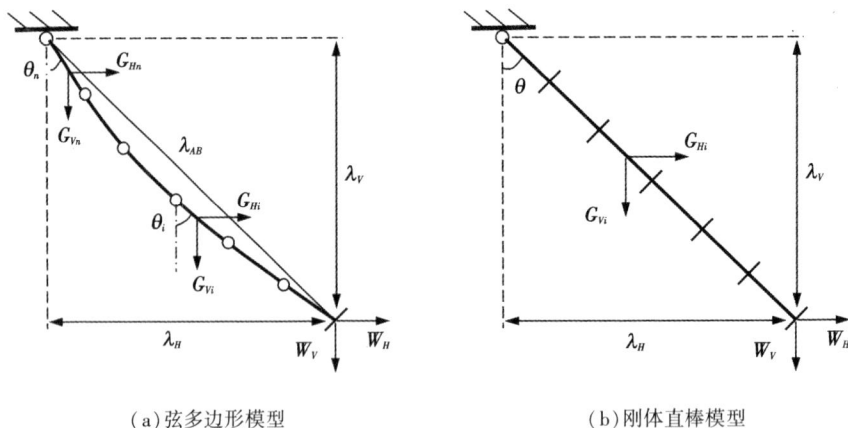

（a）弦多边形模型   （b）刚体直棒模型

图1-3　绝缘子串风偏静力学分析方法主要计算模型

刚体直棒模型又称单摆模型，其将整串悬垂绝缘子串视为一根刚性直杆，不考虑各片绝缘子的相对位移。该模型在刚性直杆质心施加绝缘子串整体所受的风载荷与重力载荷，在刚性直杆下端施加导线水平档距风载荷与垂直档距重力载荷，根据力矩平衡条件，求得悬垂绝缘子串的风偏角与下端风偏位移。相较于弦多边形模型，刚体直棒模型具有计算简单、易于使用等优势，众多学者与设计人员采用该模型进行研究计算。Wang等[24]根据强风预报精度的先验分布，建立风流场预报的概率分布，再采用刚体直棒模型计算绝缘子串的风偏位移响应，完成了风力预报下架空线路风偏闪络的概率预警。Lu等[25]在刚体直棒模型的基础上，提出计算绝缘子串风偏位移的三维模型，用于配合倾角传感器实时监测绝缘子串风偏响应过程中的最小空气距离。周湛等[26]将刚体直棒模型与光纤传感技术相结合，搭建了绝缘子串风偏角在线监测系统，并对云南电网某线路的风偏运动成功地实施了在线监测。

虽然架空线路风偏响应静力学计算模型具有独特的计算优势，但其无法考虑线路风偏过程中明显的动态效应，也不能合理地解释由动态风偏所引发的线路故障，因此，探索和建立有效的架空线路风偏响应动力学计算模型，成为国内外相关人员研究的重点内容。

1.4.2　架空线路风偏动力学方法国外研究现状

输电导线具有显著的悬索结构特征，国外研究人员以此为基础，通过对导线、约束条件进行受力分析与合理等效[27]，结合动态风场与气动阻尼，建立了输电导线动态风偏响应的运动方程。Matheson 等[28]应用牛顿第二定律分析了导线微元在动态风载荷作用下的受力情况［如图 1-4(a)所示］，建立了两端固定输电导线风偏运动的偏微分方程与应变位移关系方程，通过有限差分法对方程进行数值求解，并将计算结果与 Roussel[29]所做试验进行比较，验证了所建风偏运动方程的正确性。Tsujimoto 等[30]采用弹簧-质量仿真模型代替单档导线［如图 1-4(b)所示］，通过传递函数构建运动方程，计算了仿真模型中集中质量的位置变化，得到了单档输电导线的风偏摆动位移，并通过全尺寸现场试验验证了计算结果的准确性。Wang 等[31]基于随机振动理论，将单档导线模拟为一根带有垂跨比的质量均匀分布的悬索，通过对非线性耦合运动方程进行线性化处理，计算了输电导线的风偏位移响应，并对比了非线性方法与线性方法对输电导线动态风偏响应计算结果的影响。

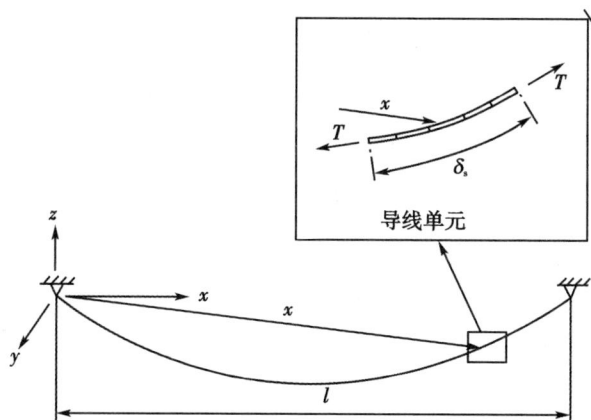

(a)导线微元模型

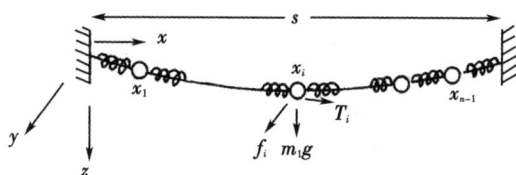

m_1—导线单元；f—风压力；T—张力；s—档距

(b)弹簧-质量仿真模型

图 1-4 两种单档导线动态风偏计算模型

可以看到，上述研究提出的计算模型主要针对单档导线的动态风偏响应计算，没有考虑悬垂绝缘子串的风偏运动，也不能计算连续档架空线路的动态风偏位移，适用性有限。

随着数值模拟计算的不断发展，有限元分析方法开始广泛进入人们的视野。有限元方法将被研究物体划分为由有限个小单元组成的等效系统，通过选择适当的单元类型模拟物体的真实物理行为，各个单元在公共节点、边界线或表面互相连接，采用位移函数与应力-应变-位移关系推导单元刚度矩阵，组合矩阵并引入边界条件，便可求解单元节点的广义位移，得到被研究物体的结构响应[32-33]。

为将有限元方法成功地应用到架空线路动态风偏响应分析中，相关领域学者开展了大量的研究工作。在单元类型选择方面，研究人员根据输电导线只能承受拉力、弯曲刚度小（可忽略不计）等特点，对比非线性曲梁单元[34]与等参桁架单元[35]，选择了仅受拉的索单元模拟输电导线，并根据悬垂绝缘子串挂点铰接的实际情况，采用杆单元模拟绝缘子串的风偏行为[36-37]。在载荷约束施加方面，为避免输电导线的有限元模型出现奇异矩阵，需要对架空线路进行迭代找型计算[38-39]，找型计算结束后，再施加外部动态风载荷与约束。在模型建立方面，Dua 等[40]采用有限元设计软件建立架空线路的导线-铁塔体系模型，并进行风偏大位移计算与非线性动力学分析，其认为导线-铁塔体系模型能直观、全面地展现架空线路的动态风偏响应。Davenport[41]认为，铁塔自振频率远高于输电导线，因此可将铁塔等效为固定端，不考虑铁塔位移对悬垂绝缘子串、导线风偏响应的影响。Hung 等[42]通过建立架空线路的有限元模型，结合现场实测数据与特征值分析方法，计算了架空导线在阵风作用下的风偏响应幅值、频率与振型。

1.4.3 架空线路风偏动力学方法国内研究现状

以有限元方法为基础，国内研究人员考虑来流风的动态效应与气动阻尼效应，运用通用软件构建了连续档架空线路动态风偏响应的有限元计算模型[43-49]，如图 1-5(a)所示。邓洪洲等[50]通过分析、对比导线-固定端有限元模型与导线-铁塔有限元模型的频率、振型与响应，认为可以忽略铁塔影响，从而减小计算工作量。刘小会等[51]运用 ABAQUS 建立 500 kV 架空线路有限元模型，通过 Kaimal 谱与 Davenport 相干函数模拟动态风场，计算了绝缘子串的风偏响应时程曲线，并建议现有规范应引入考虑动态效应的调整系数。刘孟龙等[52]以一段位于山地环境的架空线路为对象建立有限元模型，通过 ANAYS Fluent 流体计算软件模拟山地风场，对架空线路进行了风致响应分析，指出现有规范系数简化周围环境影响会高估线路的响应幅值。

相较于静力学分析模型，架空线路动态风偏的有限元模型具有计算准确、分析全面等优势，但也存在计算时间长、附加计算量大(更改参数便需要重新迭代找型计算)等不足，无法高效地计算架空线路动态风偏响应幅值。

为减少求解工作量和计算时间，Yasui 等[53]与 Haddadin 等[54]通过实际观测与分析，认为架空线路所处高度的大气湍流度普遍较小，架空线路的动态风偏响应可视为在平均风偏位置(又称静态风偏位置)附近的小位移摆动，因此提出采用"两步分析方法"，以线性方式计算架空线路的动态风偏位移响应：首先，通过静力学方法得到架空线路在平均风载荷作用下的静态风偏位置；其次，以此位置架空线路的构型作为初始计算条件，施加脉动风，采用线性动力学方法计算架空线路的动态风偏位移响应，如图 1-5(b)所示[55]。基于上述思路，汪大海等[56]将输电导线的动态风偏响应分解为平均风引起的静态响应和脉动风引起的线性动态响应，研究了单档导线动张力变化。楼文娟等[57]结合两步分析方法与频域计算方法，通过通用软件有限元模型分析了架空线路结构参数对动态风偏响应的影响。

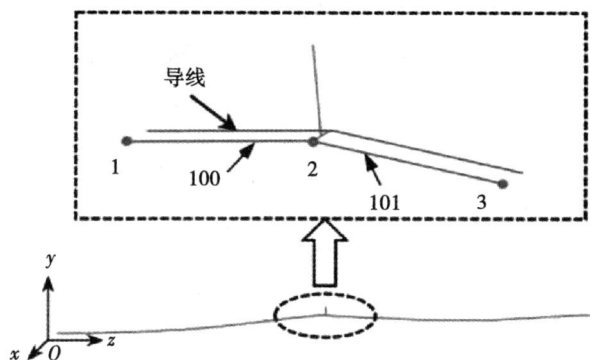

(a)绝缘子串与导线有限元模型

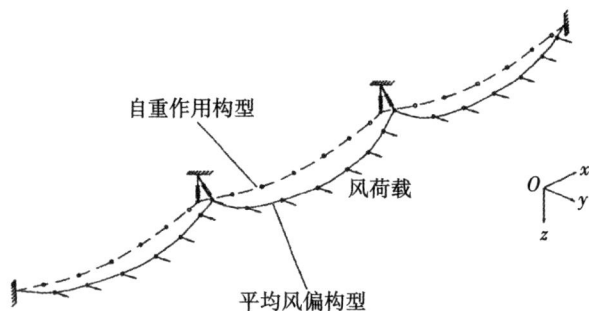

（b）两步分析方法示意图

图 1-5　有限元计算模型与两步分析方法

两步分析方法的提出，虽然在一定程度上减少了求解时间，但依然无法解决架空线路动态风偏有限元模型附加计算量大、总体计算效率低等问题，且通用软件有限元模型建模复杂，对于工程设计人员存在使用门槛，不便于在架空线路防风偏设计过程中推广和应用，从而导致在现今工程设计中，设计人员依然主要使用静力学分析方法计算架空线路的风偏响应幅值。

悬垂绝缘子串下端带电导体在大风作用下对铁塔发生风偏闪络放电是架空线路风偏事故的主要类型[58]，因此，设计人员与学者以悬垂绝缘子串风偏幅值与设计参数之间的响应关系为重点关注对象[59-60]，研究了架空线路的风偏响应特性。早期文献[61]通过刚体直棒模型分析了悬垂绝缘子串在平均风速作用下的静态风偏响应特性，通过数学表达式直观地展现了风偏均值与平均风速和导线质量的比例关系。闵绚等[62]通过 Kaimal 风速谱与相干函数模拟脉动风场，将不同的来流风速与不同线路高差逐一代入架空线路有限元模型并进行计算，研究了悬垂绝缘子串的风偏参变响应特性。楼文娟等[63]以某段架空线路悬垂绝缘子串发生风偏闪络事故时的气象信息与结构参数为依据，建立动态风偏响应的有限元计算模型，对架空线路设计参数进行校验，并通过计算 6 种不同风速作用下绝缘子串的风偏位移极值，拟合了该绝缘子串风偏位移极值随风速变化的特性曲线，如图 1-6（a）所示。

考虑到架空线路在架设过程中有时会经过丘陵坡地等地貌，一些学者开始研究来流风与水平面夹角（风攻角）对架空线路风偏响应特性的影响。于志强[64]运用 ANSYS 有限元软件，研究了固定结构的大跨越架空线路塔线体系在风攻角分别为 0°，45°，90°时的风偏响应特性，得到了悬垂绝缘子串在不同角度来流风作用下的位移、加速度时程曲线。楼文娟等[65]通过试验和有限元模型，研究了覆冰线路在典型风攻角作用下的气动力特性与风偏响应，并对现行设计规范的合理性进行了讨论。刘春城等[66]通过模拟山脉坡度地形风场中来流风的风速与风攻角，以分析不同风攻角度的来流风对悬垂绝缘子串风偏幅值的影响为媒介，间接地研究了不同山脉坡度下悬垂绝缘子串的风偏响应特性，绘制了悬垂绝缘子串随山脉直径改变的风偏角增大百分比变化曲线，如图 1-6 (b)所示。

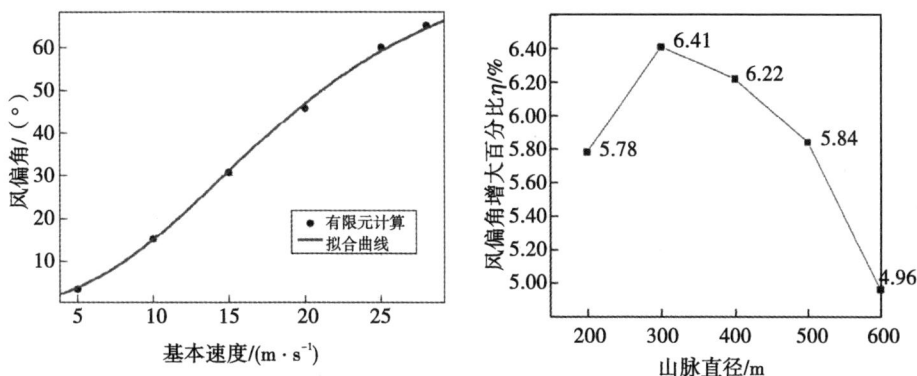

(a)悬垂绝缘子串风偏角极值拟合曲线　　　　(b)不同山脉坡度的风偏角增大百分比

图 1-6　基于有限元模型的悬垂绝缘子串风偏响应变化曲线

◆◆ 1.5　工程中典型的架空线路风偏防治方法

为确保已建成运营的架空线路能在大风工况下平稳运行而不发生风偏闪络事故，工程设计人员对校验不满足设计要求或存在风偏闪络风险的架空线路通过风偏防治措施进行改造。目前，工程中常用的风偏防治措施主要分为两类：第一类以静力学风偏计算公式为理论基础，通过更改悬垂绝缘子串的一些特征参数，来达到减小风偏角的目的，其典型代表为重锤式防风偏措施，如图 1-7 (a)所示；第二类通过增加外部约束条件，限制悬垂绝缘子串下端位移，从而达到抑制风偏的效果，其典型代表是 V 型串防风偏措施，如图 1-7(b)所示。

（a）重锤式防风偏措施　　　　　　　　（b）V 型串防风偏措施

图 1-7　两种典型风偏防治措施

运行中的架空线路风偏防治改造最简便的办法就是采用重锤式防风偏措施[67]，该措施通过在悬垂绝缘子串下端安装重锤来增加绝缘子串所受的垂向载荷，以"抵御"来流风水平载荷产生的使绝缘子串偏转的弯矩，重锤质量越大，防风偏效果越好，但悬垂绝缘子串承受的负荷也越大。为此，设计人员开展了重锤质量对悬垂绝缘子串风偏、受载影响的研究工作。胡方镝[68]介绍了加装重锤的悬垂绝缘子串风偏角静力学计算方法，并采用 220 kV 茂阳线设计参数对重锤式防风偏措施进行验算，指出在该线路上安装 40 kg 重锤便能将悬垂绝缘子串风偏角减小到允许范围之内。陈勉等[69]采用刚体直棒模型计算了一段含有高差的架空线路悬垂绝缘子串风偏角，并比较了安装 65 kg 重锤前后风偏角的变化幅度，认为安装重锤能在一定程度上减小风偏角，但效果并不明显。吴睿等[70]分析并计算了架空线路所能承载的重锤质量极限，指出对于 4 分裂 LJG-400/35 输电导线，在使用双联悬垂绝缘子串时最大能承受 480 kg 重锤质量，并认为导线质量越轻，重锤式防风偏措施的效果越理想。

可以看到，上述研究均以真实线路为背景，分析了重锤式防风偏措施对悬垂绝缘子串的风偏抑制效果，但其普遍采用的是静力学计算方法，没有分析重锤式防风偏措施的动力学特性，也没有考虑动态响应对风偏幅值的影响，具有明显的局限性。

V 型串防风偏措施是架空线路防风偏改造中另一种常用措施，该措施通过对原悬垂绝缘子串加装侧拉绝缘子串，将原先的 I 型绝缘子串改造成 V 型，增加了绝缘子串下端的横向约束，从而限制了风偏位移。V 型串按照绝缘子结构特点可分为 V 型盘形绝缘子串与 V 型复合绝缘子串两大类。其中，盘形绝缘子串各片绝缘子通过球窝铰接，如图 1-8(a)所示，其自由度大，风偏运动过程中各片绝缘子之间会出现相对角位移，受压时连接处易发生脱落掉串；复合绝缘子串是一个整体，如图 1-8(b)所示，受压时易发生屈曲变形，造成绝缘子串屈曲断裂。党会学等[71]根据静力平衡条件，建立了 V 型复合绝缘子串的静态风偏计算方法，并代入真实线路 V 型串参数进行绝缘子串受力分析，指出 V 型串中的背风串既可能承受拉力，也可能承受压力，但从线路运行安全角度考虑，让其只承受拉力更为安全。卢明等[72]通过 ABAQUS 软件与 UMAT 子程序建立了 V 型复合绝缘子串的有限元模型，计算了脉动风场作用下复合绝缘子串的屈曲变形。周超等[73]使用 Beam188 梁单元，在有限元分析软件 ANSYS 中，分别建立了双联和四联 V 型复合绝缘子串计算模型，并对两种 V 型串迎风侧和背风侧的变形、应力以及导线挂点水平位移进行研究后指出，当水平载荷与垂直载荷的比值逐渐增大时，四联 V 型复合绝缘子串背风侧所承受的应力变化更加平缓，导线挂点位移更小。

(a)盘形绝缘子串

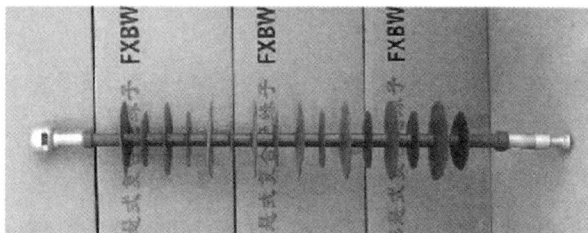

(b)复合绝缘子串

图 1-8　绝缘子串按绝缘子结构特点分类

由此可见，目前研究人员对 V 型串防风偏措施的分析主要集中在 V 型复合绝缘子串，而对 V 型盘形绝缘子串的研究略显不足，没有建立 V 型盘形绝缘子串防风偏措施的动力学计算模型，也没有分析其动态响应特性，进而无法了解 V 型盘形绝缘子串防风偏措施的安全性与有效性。

◈ 参考文献

［1］ 刘廷柱,洪嘉振,杨海兴.多刚体系统动力学［M］.北京:高等教育出版社,
1989.

［2］ SCHWERTASSEK R,ROBERSON R E.A state-space dynamical representation
for multibody mechanical systems［J］.Acta mechanica,1984,51(1):141-161.

［3］ SCHIEHLEN W.Dynamics of complex multibody systems［J］.SM archives,
1984(9):159-195.

［4］ HUSSAIN M A,NOBLE B.Application of MACSYMA to kinematics and me-
chanical systems［J］.Springer US,1985.

［5］ ROBERSON R E,WITTENBURG J. A dynamical formalism for an arbitrary
number of interconnected rigid bodies with reference to the problem of satellite
attitude control［C］. Proceedings of the Third Congress International Federa-
tion of Automatic Control, London. Elsevier, 1966, 1: 46D.1-46D.9.

［6］ KANE T R,LEVINSON D A.Dynamics:theory and applications［M］.New
York:McGraw-Hill Book Company,1985.

［7］ HUSTON R L,PASSERELLO C E.On the dynamics of a human body model
［J］.J.biomechanics,1971(4):369-378.

［8］ HUSTON R L,PASSERELLO C E.On constraint equations:a new approach
［J］.Journal of applied mechanics,1974,41(4):1130-1131.

［9］ ANDREWS G C,KESAVAN H K.The vector-network model:a new approach to
vector dynamics［J］.Mechanism & machine theory,1975,10(1):57-75.

［10］ JERKOVSKY W.The transformation operator approach to multisystem dynam-
ics［J］.Matrix and tensor Q,1976,27:48-59.

［11］ YANG A T.Inertia force analysis of spatial mechanisms［J］.Journal of engi-
neering for industry,1971,93(1):27.

［12］ 朱宽军,徐鸿.考虑风速时空分布特性的高压输电塔–线体系风致响应分
析研究［J］.中国电机工程学报,2019,39(8):2348-2356.

［13］ 巩鑫龙,王龙,田瑞,等.垭口型微地形输电线路区域风场仿真研究［J］.计
算机仿真,2020,37(6):76-80.

[14] 汤智谦.恶劣天气下架空输电线路荷载风险建模及预测[D].镇江:江苏大学,2018.

[15] 国家能源局,中国电力企业联合会.2019 年全国电力可靠性年度报告[R].北京:国家能源局,2020.

[16] 龙立宏,胡毅,李景禄,等.输电线路风偏放电的影响因素研究[J].高电压技术,2006,32(4):19-21.

[17] 国网石嘴山供电公司.2005—2017 年石嘴山地区 35~220 千伏输电线路风害跳闸分析报告[R].银川:国网宁夏电力公司,2017.

[18] 吴雄.特高压输电线路风偏特性和风险评估研究[D].武汉:华中科技大学,2019.

[19] RIKH V N.Conductor spacings in transmission lines and effect of long spans with steep slopes in hilly terrain[J].Journal of the institution of engineers,2004,85(1):8-16.

[20] LONG L H,HU Y,LI J L,et al.Parameters for wind caused overhead transmission line swing and fault[C].2006 IEEE Region 10 Conference. Hong Kong,China.IEEE,2006:1-4.

[21] 贾玉琢,肖茂祥,王永杰.500 kV 架空输电线路风偏数值模拟研究[J].广东电力,2011,24(2):1-5.

[22] 邵天晓.架空送电线路的电线力学计算[M].北京:水利电力出版社,1987.

[23] CLAPP A L.Calculation of horizontal displacement of conductors under wind loading toward buildings and other supporting structures[J].IEEE transactions on industry applications,1994,30(2):496-504.

[24] WANG J,XIONG X,LI Z,et al.Wind forecast-based probabilistic early warning method of wind swing discharge for OHTLs[J].IEEE transactions on power delivery,2016,31(5):2169-2178.

[25] LU Y L, LIU H, HU C B, et al. A threedimensional real-time model for calculating minimum air clearance on wind deviation of overhead transmission line[C]. Proceedings of the 2nd International Conference on Power and Renewable Energy. Chengdu, China. IEEE, 2017:276-280.

[26] 周湛,张志坤,赵振刚,等.基于光纤传感的输电线路悬垂绝缘子风偏角监测研究[J].电子测量与仪器学报,2020,34(3):81-87.

[27] ABOSHOSHA H, DAMATTY A E.Engineering method for estimating the reactions of transmission line conductors under downburst winds[J].Engineering structures,2015,99:272-284.

[28] MATHESON M J,HOLMES J D.Simulation of the dynamic response of transmission lines in strong winds[J].Engineering structures,1981,3(2):105-110.

[29] ROUSSEL P.Numerical solution of static and dynamic equations of cables [J].Computer methods in applied mechanics and engineering,1976,9(1):65-74.

[30] TSUJIMOTO K,YOSHIOKA O,OKUMURA T,et al.Investigation of conductor swinging by wind and its application for design of compact transmission line [J].IEEE transactions on power apparatus and systems,1982,101(11):4361-4369.

[31] WANG D H,CHEN X Z,LI J.Prediction of wind-induced buffeting response of overhead conductor:comparison of linear and nonlinear analysis approaches [J].Journal of wind engineering and industrial aerodynamics,2017,167:23-40.

[32] RONG H,MURAMOTO M,INOUE S,et al.Parallelized fiber model of beam-column finite element method considering hysteresis characteristics of joints-numerical analysis of dovetail-tenon joints[J].Journal of structural engineering,2021,67B:403-412.

[33] YAKIN K,SETYANINGSIH I,RUSMANA I,et al.The simulation of mechanical stimulation effect on bone elasticity limit based on finite element method (FEM)[J].Journal teknologi,2021,83(3):21-27.

[34] DARWISHS M M,DAMATTY R A E,HANGAN R.Dynamic characteristics of transmission line conductors and behaviour under turbulent downburst loading [J].Wind and structures, an international journal,2010,13(4):327-346.

[35] MCCLURE G,LAPOINTE M.Modeling the structural dynamic response of overhead transmission lines[J].Computers and structures,2003,81(8/9/10/11):825-834.

[36] LI X,ZHANG W,NIU H,et al.Probabilistic capacity assessment of single cir-

cuit transmission tower-line system subjected to strong winds[J].Engineering structures,2018,175:517-530.

[37] MOU Z,YAN B,LIN X,et al.Prediction method for galloping features of transmission lines based on FEM and machine learning[J].Cold regions science and technology,2020,173:103031.

[38] ABOSHOSHA H,EALWADY A,EL ANSARY A,et al.Review on dynamic and quasi-static buffeting response of transmission lines under synoptic and non-synoptic winds[J].Engineering structures,2016,112:23-46.

[39] AHMAD A,JIN Y,ZHU C,et al.Investigating tension in overhead high voltage power transmission line using finite element method[J].International journal of electrical power and energy systems,2020,114:105418.

[40] DUA A,CLOBES M,HÖBBEL T,et al.Dynamic analysis of overhead transmission lines under turbulent wind loading[J].Open journal of civil engineering,2015,5:359-371.

[41] DAVENPORT A G.GUST response factors for transmission line loading[J].Wind engineering,1980,2:899-909.

[42] HUNG P V,YAMAGUCHI H,ISOZAKI M,et al.Large amplitude vibrations of long-span transmission lines with bundled conductors in gusty wind[J].Journal of wind engineering and industrial aerodynamics.2014,126:48-59.

[43] 庞锴,卢明,田瑞,等.动态风载荷下交叉跨越线路连接金具受力特性[J].科学技术与工程,2020,20(19):7798-7803.

[44] 文楠,严波,林翔,等.基于 BP 神经网络的导线脱冰跳跃高度预测模型[J].振动与冲击,2021,40(1):199-204.

[45] 刘玥君,张新语,郭峻菘,等.输电线路在冰风荷载作用下的可靠性研究[J].东北电力大学学报,2020,40(5):63-68.

[46] 陈波,宋欣欣,吴镜泊.输电塔线体系力学模型研究进展[J].工程力学,2021,38(5):1-21.

[47] 刘小会,周晓慧,叶中飞,等.风荷载作用下输电线路数值模拟及金具失效分析[J].科学技术与工程,2020,20(20):8210-8217.

[48] 王新敏.ANSYS 工程结构数值分析[M].北京:人民交通出版社,2007:467-478.

[49]　周超,王阳,芮晓明.500 kV 输电线路跳线风偏有限元分析与试验研究
　　　 [J].工程设计学报,2020,27(6):713-719.

[50]　邓洪洲,朱松晔,王肇民.大跨越输电塔线体系动力特性及风振响应[J].
　　　 建筑结构,2004(7):25-28.

[51]　刘小会,严波,林雪松,等.500 kV 超高压输电线路风偏数值模拟研究[J].
　　　 工程力学,2009,26(1):244-249.

[52]　刘孟龙,吕洪坤,罗坤,等.真实山地地形条件下输电塔线体系风致响应数
　　　 值模拟[J].振动与冲击,2020,39(24):232-239.

[53]　YASUI H,MARUKAWA H,MOMOMURA Y,et al.Analytical study on wind-
　　　 induced vibration of power transmission towers[J].Journal of wind engineer-
　　　 ing and industrial aerodynamics,1999,83(1/2/3):431-441.

[54]　HADDADIN S,ABOSHOSHA H,EI ANSARY A M,et al.Sensitivity of wind
　　　 induced dynamic response of a transmission line to variations in wind speed
　　　 [C].[S.l:s.n.],2016.

[55]　罗罡.输电导线风偏精细化分析和等效静力风荷载研究[D].杭州:浙江
　　　 大学,2017.

[56]　汪大海,李杰,谢强.大跨越输电线路风振动张力模型[J].中国电机工程
　　　 学报,2009,29(28):122-128.

[57]　楼文娟,白航,杨晓辉,等.特高压输电线路动态风偏响应及参数影响分析
　　　 [J].土木工程学报,2019,52(3):41-49.

[58]　张禹芳.我国 500 kV 输电线路风偏闪络分析[J].电网技术,2005(7):65-
　　　 67.

[59]　楼文娟,吴登国,刘萌萌,等.山地风场特性及其对输电线路风偏响应的影
　　　 响[J].土木工程学报,2018,51(10):46-55.

[60]　李正良,罗熙越,蔡青青.考虑塔-线耦合作用的输电塔体系风振系数研究
　　　 [J].建筑钢结构进展,2021,23(3):119-128.

[61]　章润陆,陈玉书.超高压输电线路风偏角的计算方法及风速取值的探讨
　　　 [J].高电压技术,1979(1):27-32.

[62]　闵绚,文志科,曾云飞,等.脉动风作用下特高压绝缘子串的风偏特性[J].
　　　 中国电力,2016,49(3):65-71.

[63]　楼文娟,吴登国,苏杰,等.超高压输电线路风偏闪络及导线风荷载取值讨

论[J].高电压技术,2019,45(4):1249-1255.

[64] 于志强.大跨越输电塔线体系的风荷载模拟及耦合风振研究[J].工业建筑,2014(S1):503-508.

[65] 楼文娟,罗罡,杨晓辉,等.典型覆冰导线脉动气动力特性及风偏响应[J].浙江大学学报(工学版),2017,51(10):1988-1995.

[66] 刘春城,孙红运.峡谷和垭口地形条件下输电线路风偏特性[J].振动与冲击,2021,40(9):184-194.

[67] 谢锡汉.沿海架空输电线路风偏跳闸分析及防治对策[J].机电信息,2019(26):9-10.

[68] 胡方镝.利用重锤抑制悬垂绝缘子串风偏的方法及应用[J].科技资讯,2010(24):137-139.

[69] 陈勉,张鸣.对采用重锤来改善直线杆塔绝缘子串风偏的看法[J].广东电力,2000(6):18-21.

[70] 吴睿,黄健,叶超.一种用于输电线路的防风偏柔性控制装置[J].电力勘测设计,2017(5):49-52.

[71] 党会学,赵均海,吴静.V形复合绝缘子力学特性研究[J].中国电力,2016,49(7):9-14.

[72] 卢明,林成龙,李黎,等.特高压V型复合绝缘子串夹角设计研究[J].广东电力,2018,31(12):99-105.

[73] 周超,秦瑞江,芮晓明.风载荷作用下V形绝缘子串的力学特性分析[J].工程设计学报,2021,28(1):95-104.

第2章　多刚体系统动力学知识基础

◆◇ 2.1　引　言

在现代科学技术发展的推动下，经典力学范畴内逐渐形成一个略具独立性的学科分支——多刚体系统动力学。它的研究对象是由大量刚体相互联系组成的系统，研究方法与现代计算技术相适应。计算机数值计算方法的出现，使得面向具体问题的程序数值方法成为求解复杂问题的一条可行道路，即针对具体的多刚体问题列出其数学方程，再编制数值计算程序进行求解。

本章从多刚体系统约束、多刚体系统运动学与多刚体系统动力学逐层递进展开介绍，陈述其主要逻辑与基本理论，列出主要推导公式，为后续采用多刚体系统动力学方法建立架空线路模型进行知识储备。

◆◇ 2.2　多刚体系统的约束

多刚体系统约束分析是研究多刚体系统运动学的基础，由约束方程及其对时间的一次和二次导数得到的速度约束方程与加速度约束方程，决定了系统的位置、速度和加速度[1]。

2.2.1　基本约束方程

假设有两个邻接刚体 B_i 和 B_j，如图 2-1 所示，它们的连体基分别为 $e^{(i)}$ 和 $e^{(j)}$，原点 O_i 和 O_j 通常分别与质心 C_i 和 C_j 重合。在 B_i 和 B_j 上分别取参考点 P_i 和 P_j，以及连体矢量 a_i 和 a_j，则矢量 a_i 和 a_j 相互垂直的充分必要条件是它们的点积为 0，则有

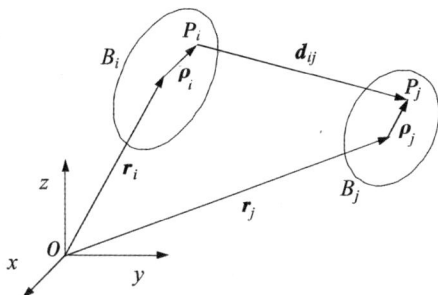

图 2-1　邻接刚体连体矢量示意图

$$\Phi^{d_1}(\boldsymbol{a}_i \perp \boldsymbol{a}_j) = \boldsymbol{a}_i^{\mathrm{T}}\boldsymbol{a}_j = \boldsymbol{a}_i'^{\mathrm{T}}\boldsymbol{A}_i^{\mathrm{T}}\boldsymbol{A}_j\boldsymbol{a}_j' = 0 \tag{2-1}$$

式中，上标 d_1 表示两个连体矢量垂直，这种约束被称为垂直 I 型约束，它限制了两个邻接刚体的相对方位。

用矢量 $\boldsymbol{d}_{ij}$ 连接两个刚体上的参考点 P_i 和 P_j，则刚体 B_j 相对 B_i 的位置可由 $\boldsymbol{d}_{ij}$ 确定。根据几何关系可知 $\boldsymbol{d}_{ij}=\boldsymbol{r}_j+\boldsymbol{\rho}_j-\boldsymbol{r}_i-\boldsymbol{\rho}_i$，将其分解成坐标矩阵形式，有

$$\boldsymbol{d}_{ij}=\boldsymbol{r}_j+\boldsymbol{A}_j\boldsymbol{\rho}_j'-\boldsymbol{r}_i-\boldsymbol{A}_i\boldsymbol{\rho}_i' \tag{2-2}$$

只要 $\boldsymbol{d}_{ij}\neq 0$，连体矢量 $\boldsymbol{a}_i$ 和相对位置矢量 $\boldsymbol{d}_{ij}$ 相互垂直的条件就是它们的点积为 0，则有

$$\Phi^{d_2}(\boldsymbol{a}_i \perp \boldsymbol{d}_{ij}) = \boldsymbol{a}_i^{\mathrm{T}}\boldsymbol{d}_{ij} = \boldsymbol{a}_i'^{\mathrm{T}}\boldsymbol{A}_i^{\mathrm{T}}(\boldsymbol{r}_j+\boldsymbol{A}_j\boldsymbol{\rho}_j'-\boldsymbol{r}_i) - \boldsymbol{a}_i'^{\mathrm{T}}\boldsymbol{\rho}_i' = 0 \tag{2-3}$$

式中，上标 d_2 表示一个连体矢量和一个相对位置矢量垂直，这种约束被称为垂直 II 型约束。

在有些情况下，两个邻接刚体上有一对点重合，参考点 P_i 和 P_j 重合的充分必要条件是 $\boldsymbol{d}_{ij}=\boldsymbol{0}$，则根据式（2-2）可得

$$\Phi^{s}(P_i = P_j) = \boldsymbol{r}_j+\boldsymbol{A}_j\boldsymbol{\rho}_j'-\boldsymbol{r}_i-\boldsymbol{A}_i\boldsymbol{\rho}_i' = 0 \tag{2-4}$$

式中，上标 s 指明这种约束可用来描述球铰链，称为球铰链约束。

在有些情况下，两个邻接刚体上有两个点保持恒定距离，这可以看作存在一根两端都以球铰链与刚体连接的连杆，参考点 P_i 和 P_j 保持恒定距离的充分必要条件是

$$\Phi^{ss}(P_i, P_j, C) = \boldsymbol{d}_{ij}^{\mathrm{T}}\boldsymbol{d}_{ij}-C^2 = 0 \tag{2-5}$$

式中，上标 ss 表示这种约束可用来描述复合球铰链约束，也称为距离约束。

以上导出的四种基本约束可以作为基础，用来定义一个构成两个刚体之间约束的约束库，以便于计算机自动生成各种约束方程。

2.2.2 典型约束方程

2.2.2.1 转动副

由转动副连接的两个刚体 B_i 和 B_j，在公共转动轴线上任取一点 P 可看作两个刚体上重合的铰链点 P_i 和 P_j；Q_i 和 Q_j 确定了分别属于刚体 B_i 和 B_j 的铰链坐标系的基矢量 $\boldsymbol{h}_i$ 和 $\boldsymbol{h}_j$，它们都沿着转动轴线。由这两个条件可以导出转动副的约束方程

$$\Phi^s(P_i = P_j) = 0, \quad \Phi^{p1}(\boldsymbol{h}_i \parallel \boldsymbol{h}_j) = 0 \tag{2-6}$$

在五个标量约束方程中，前三个限制两个刚体的相对位置，后两个限制相对转动，因此只有一个绕公共轴线相对转动的自由度。

2.2.2.2 圆柱副

由圆柱副连接的两个刚体 B_i 和 B_j，铰链点 P_i 和 P_j 位于中心轴线上，因而相对位置矢量 $\boldsymbol{d}_{ij}$ 也沿这根轴线，确定 B_i 和 B_j 的铰链坐标系的基矢量 $\boldsymbol{h}_i$ 和 $\boldsymbol{h}_j$ 也沿着中心轴线。于是，为了保证刚体 B_i 和 B_j 能沿中心轴线同时相对转动和相对移动，应该同时满足 $\boldsymbol{h}_i$ 和 $\boldsymbol{h}_j$ 共线、$\boldsymbol{h}_i$ 和 $\boldsymbol{d}_{ij}$ 共线这两个条件，由此得到圆柱副约束方程

$$\Phi^{p1}(\boldsymbol{h}_i \parallel \boldsymbol{h}_j) = 0, \quad \Phi^{p2}(\boldsymbol{h}_i \parallel \boldsymbol{d}_{ij}) = 0 \tag{2-7}$$

圆柱副有四个约束方程，因此它所连接的两个刚体有两个相对自由度，即绕中心轴线的相对转动和相对移动。

2.2.2.3 移动副

由移动副连接的两个刚体 B_i 和 B_j，显然，当限制了圆柱副绕轴线的转动自由度时，圆柱副就变成了移动副，因此，圆柱副约束方程式(2-7)适用于移动副。限制转动的附加约束方程可由刚体 B_i 和 B_j 的铰链坐标系的基矢量 $\boldsymbol{f}_i$ 和 $\boldsymbol{f}_j$ 的垂直条件得出，于是移动副的约束方程为

$$\Phi^{p1}(\boldsymbol{h}_i \parallel \boldsymbol{h}_j) = 0, \quad \Phi^{p2}(\boldsymbol{h}_i \parallel \boldsymbol{d}_{ij}) = 0, \quad \Phi^{d1}(\boldsymbol{f}_i \perp \boldsymbol{f}_j) = 0 \tag{2-8}$$

移动副有五个约束方程，它所连接的刚体只有一个相对移动自由度。

◆◇ 2.3　多刚体系统的运动学分析

2.3.1　位置分析

设多刚体系统由 n 个刚体 $B_i(i=1, 2, \cdots, n)$ 组成，取 B_i 的连体基 $e^{(i)}$ 的原点的三个位置坐标 $\boldsymbol{r}_i=\begin{bmatrix} x & y & z \end{bmatrix}_i^{\mathrm{T}}$ 为平动广义坐标，取确定连体基 $e^{(i)}$ 方位的四个欧拉参数 $\boldsymbol{p}_i=\begin{bmatrix} e_0 & e_1 & e_2 & e_3 \end{bmatrix}_i^{\mathrm{T}}$ 为转动广义坐标，则刚体 B_i 的笛卡儿广义坐标可以写为 7×1 的列阵，整个系统的笛卡儿广义坐标的数目是 $7n$，可写为 $7n\times1$ 的列阵

$$\boldsymbol{x}=\begin{bmatrix} \boldsymbol{x}_1^{\mathrm{T}} & \boldsymbol{x}_2^{\mathrm{T}} & \cdots & \boldsymbol{x}_n^{\mathrm{T}} \end{bmatrix}^{\mathrm{T}}=\begin{bmatrix} x_1 & x_2 & \cdots & x_{7n} \end{bmatrix}^{\mathrm{T}} \tag{2-9}$$

设系统内铰链运动学约束共有 h 个，通常它们是只与位置坐标有关的定常约束，约束方程可写为如下矩阵形式：

$$\boldsymbol{\Phi}^k(x)=\begin{bmatrix} \Phi_1^k(x) & \Phi_2^k(x) & \cdots & \Phi_h^k(x) \end{bmatrix}^{\mathrm{T}}=0 \tag{2-10}$$

式中，上标 k 表示铰链运动学约束。系统驱动约束的数目应等于系统自由度数目 k，它们是与时间有关的非定常约束，约束方程可写成如下矩阵形式：

$$\boldsymbol{\Phi}^d(x, t)=\begin{bmatrix} \Phi_1^d(x, t) & \Phi_2^d(x, t) & \cdots & \Phi_k^d(x, t) \end{bmatrix}^{\mathrm{T}}=0 \tag{2-11}$$

式中，上标 d 表示驱动约束。每个刚体的欧拉参数都满足规范约束方程

$$\Phi_i^p=\boldsymbol{p}_i^{\mathrm{T}}\boldsymbol{p}_i-1=0 \ (i=1, 2, \cdots, n) \tag{2-12}$$

n 个方程的矩阵形式为

$$\boldsymbol{\Phi}^p=\begin{bmatrix} \Phi_1^p & \Phi_2^p & \cdots & \Phi_n^p \end{bmatrix}^{\mathrm{T}}=0 \tag{2-13}$$

式中，上标 p 表示欧拉参数规范约束。将三种约束方程合在一起表示为

$$\boldsymbol{\Phi}(x, t)=\begin{bmatrix} \boldsymbol{\Phi}^k(x) \\ \boldsymbol{\Phi}^d(x, t) \\ \boldsymbol{\Phi}^p(x) \end{bmatrix}=0 \tag{2-14}$$

式中 (2-14) 是关于 $7n$ 个广义坐标 x 的 $7n$ 个非线性代数方程，它们全部是完整约束，常称为位置约束方程。只要给定了足够数目的独立驱动约束，就可以对任何给定的时间求解 x。位置分析的任务就是对位置约束方程求解广义坐标 x 为时间 t 的函数。

2.3.2 速度分析

在进行速度分析和加速度分析以及推导动力学方程时，可以简单的取刚体 $B_i(i=1, 2\cdots, n)$ 的笛卡儿广义坐标对时间的导数为笛卡儿广义速度，但是在速度分析加速度分析中，以角速度分量 ω' 为转动变量常常是方便的，在这种情况下，实际上是引入了伪速度来描述刚体的运动。

将刚体 B_i 的广义速度定义为 6×1 列阵，系统的广义速度为 $6n\times1$ 列阵

$$\boldsymbol{u} = \begin{bmatrix} u_1^\mathrm{T} & u_2^\mathrm{T} & \cdots & u_n^\mathrm{T} \end{bmatrix}^\mathrm{T} = \begin{bmatrix} \dot{r}_1^\mathrm{T} \omega_1'^\mathrm{T} & \dot{r}_2^\mathrm{T} \omega_2'^\mathrm{T} & \cdots & \dot{r}_n^\mathrm{T} \omega_n'^\mathrm{T} \end{bmatrix}^\mathrm{T} \qquad (2\text{-}15)$$

将铰链约束方程和驱动约束方程对时间求导数，得到伪速度形式的速度约束方程

$$\sum_{i=1}^{n} \left(\begin{bmatrix} \boldsymbol{\Phi}_{r_i}^k \\ \boldsymbol{\Phi}_{r_i}^d \end{bmatrix} \dot{r} + \begin{bmatrix} \boldsymbol{\Phi}_{\pi_i'}^k \\ \boldsymbol{\Phi}_{\pi_i'}^d \end{bmatrix} \omega_i' \right) = \begin{bmatrix} -\boldsymbol{\Phi}_i^k \\ -\boldsymbol{\Phi}_i^d \end{bmatrix} = \begin{bmatrix} v^k \\ v^d \end{bmatrix} \qquad (2\text{-}16)$$

因为速度约束方程式(2-16)是速度的线性式，故可写出速度函数 $\dot{\boldsymbol{\Phi}}$ 对速度的偏导数为

$$\frac{\partial \dot{\boldsymbol{\Phi}}}{\partial \dot{r}_i} = \dot{\boldsymbol{\Phi}}_{\dot{r}_i} = \boldsymbol{\Phi}_{r_i}, \quad \frac{\partial \dot{\boldsymbol{\Phi}}}{\partial \omega_i'} = \dot{\boldsymbol{\Phi}}_{\omega_i'} = \boldsymbol{\Phi}_{\pi_i'} \qquad (2\text{-}17)$$

引入雅可比矩阵

$$\dot{\boldsymbol{\Phi}}_{u_i} = \begin{bmatrix} \dot{\boldsymbol{\Phi}}_{\dot{r}_i} & \dot{\boldsymbol{\Phi}}_{\omega_i'} \end{bmatrix}, \quad \dot{\boldsymbol{\Phi}}_u = \begin{bmatrix} \dot{\boldsymbol{\Phi}}_{u_1} & \dot{\boldsymbol{\Phi}}_{u_2} & \cdots & \dot{\boldsymbol{\Phi}}_{u_n} \end{bmatrix} \qquad (2\text{-}18)$$

利用以上关系，速度约束方程式(2-16)的左端可以导为

$$\sum_{i=1}^{n} (\boldsymbol{\Phi}_{r_i} \dot{r}_i + \boldsymbol{\Phi}_{\pi_i} \omega_i') = \sum_{i=1}^{n} \begin{bmatrix} \dot{\boldsymbol{\Phi}}_{\dot{r}_i} & \dot{\boldsymbol{\Phi}}_{\omega_i'} \end{bmatrix} \begin{bmatrix} \dot{r}_i^\mathrm{T} & \omega_i'^\mathrm{T} \end{bmatrix}^\mathrm{T} = \dot{\boldsymbol{\Phi}}_u u \qquad (2\text{-}19)$$

于是，式(2-16)可以简洁地写为

$$\dot{\boldsymbol{\Phi}}_u u = v \qquad (2\text{-}20)$$

速度约束方程式(2-20)唯一地决定了广义速度 u。

2.3.3 加速度分析

将速度约束方程式(2-16)对时间求导数，得到伪速度形式的加速度约束方程

$$\sum_{i=1}^{n}\left(\begin{bmatrix}\boldsymbol{\Phi}_{r_i}^k\\\boldsymbol{\Phi}_{r_i}^d\end{bmatrix}\ddot{\boldsymbol{r}}_i+\begin{bmatrix}\boldsymbol{\Phi}_{\pi_i'}^k\\\boldsymbol{\Phi}_{\pi_i'}^d\end{bmatrix}\dot{\boldsymbol{\omega}}_i'\right)=-\begin{bmatrix}-\boldsymbol{\Phi}_{tt}^k\\-\boldsymbol{\Phi}_{tt}^d\end{bmatrix}-\sum_{i=1}^{n}\left(\begin{bmatrix}\dot{\boldsymbol{\Phi}}_{r_i}^k\\\dot{\boldsymbol{\Phi}}_{r_i}^d\end{bmatrix}\dot{\boldsymbol{r}}_i+\begin{bmatrix}\dot{\boldsymbol{\Phi}}_{\pi_i'}^k\\\dot{\boldsymbol{\Phi}}_{\pi_i'}^d\end{bmatrix}\boldsymbol{\omega}_i'\right)=\begin{bmatrix}\boldsymbol{\gamma}^k\\\boldsymbol{\gamma}^d\end{bmatrix}$$

$$(2-21)$$

式 (2-21) 中恒有 $\boldsymbol{\Phi}_{xi}=0$，因为只有驱动约束依赖于时间，而驱动约束又只是将单个坐标表示为时间函数的简单关系。

进行类似于式 (2-16) 化简为式 (2-20) 的推导，加速度约束方程式 (2-21) 的左端导为

$$\sum_{i=1}^{n}\left(\boldsymbol{\Phi}_{r_i}\ddot{\boldsymbol{r}}_i+\boldsymbol{\Phi}_{\pi_i}\dot{\boldsymbol{\omega}}_i'\right)=\sum_{i=1}^{n}\begin{bmatrix}\dot{\boldsymbol{\Phi}}_{\dot{r}_i}&\dot{\boldsymbol{\Phi}}_{\omega_i'}\end{bmatrix}\begin{bmatrix}\ddot{\boldsymbol{r}}_i^{\mathrm{T}}&\dot{\boldsymbol{\omega}}_i'\end{bmatrix}^{\mathrm{T}}=\dot{\boldsymbol{\Phi}}_u\dot{u}\qquad(2-22)$$

于是，加速度约束方程式 (2-21) 可以简洁地表示为

$$\boldsymbol{\Phi}_u\dot{u}=\boldsymbol{\gamma}\qquad(2-23)$$

◆ 2.4 多刚体系统的动力学

2.4.1 力的分析

研究作用在刚体上的力时，主要是求两个邻接刚体 B_i 和 B_j 之间的作用力，下面以平动弹簧–阻尼器–驱动器 (TSDA) 为例讨论其广义力。

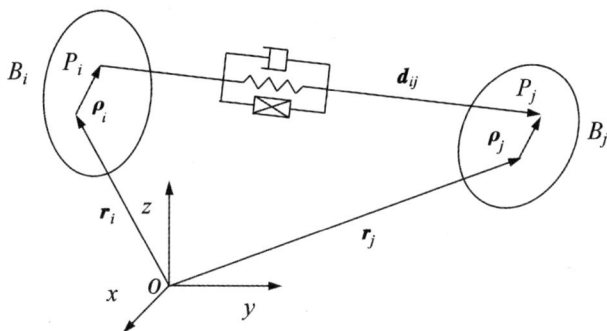

图 2-2 平动弹簧–阻尼器–驱动器示意图

图 2-2 为平动弹簧–阻尼器–驱动器元件，连接在刚体 B_i 和 B_j 上的点 P_i 和 P_j 之间，从点 P_i 到 P_j 的矢量 $\boldsymbol{d}_{ij}$ 可以表示为如下矩阵形式：

$$\boldsymbol{d}_{ij} = \boldsymbol{r}_j + \boldsymbol{A}_j\boldsymbol{\rho}_j' - \boldsymbol{r}_i - \boldsymbol{A}_i\boldsymbol{\rho}_i' \tag{2-24}$$

设 TSDA 的长度为 s_{ij}，则

$$s_{ij}^2 = \boldsymbol{d}_{ij}^{\mathrm{T}}\boldsymbol{d}_{ij} \tag{2-25}$$

将式(2-25)对 t 求导数，由此得到长度对 t 的变化率为

$$\dot{s}_{ij} = \left(\frac{\boldsymbol{d}_{ij}}{s_{ij}}\right)^{\mathrm{T}}(\dot{\boldsymbol{r}}_j + \boldsymbol{A}_j\widetilde{\boldsymbol{\rho}}_j'\boldsymbol{\omega}_j' - \dot{\boldsymbol{r}}_i + \boldsymbol{A}_i\widetilde{\boldsymbol{\rho}}_i'\boldsymbol{\omega}_i') \tag{2-26}$$

在一般情况下，作用于 TSDA 上的力的大小(具有正的伸长量)是

$$F_{ij} = k_{ij}(s_{ij} - s_{ij0}) + c_{ij}\dot{s}_{ij} + f_{ij}(s_{ij},\ \dot{s}_{ij}) \tag{2-27}$$

式中，s_{ij0} 是弹簧未变形时的长度，k_{ij} 和 c_{ij} 分别是弹簧刚性系数和阻尼系数，f_{ij} 是驱动力。平动弹簧–阻尼器–驱动器的虚功可写为

$$\delta W = -F_{ij}\delta s_{ij} \tag{2-28}$$

式中，长度变分 δs_{ij} 的公式为

$$\delta s_{ij} = \left(\frac{\boldsymbol{d}_{ij}}{s_{ij}}\right)^{\mathrm{T}}(\delta\boldsymbol{r}_j + \boldsymbol{A}_j\widetilde{\boldsymbol{\rho}}_j'\delta\boldsymbol{\pi}_j' - \delta\boldsymbol{\gamma}_j - \boldsymbol{A}_i\widetilde{\boldsymbol{\rho}}_i'\delta\boldsymbol{\pi}_i') \tag{2-29}$$

整理式(2-28)与式(2-29)可得

$$\delta W = -\frac{F_{ij}}{s_{ij}}\boldsymbol{d}_{ij}^{\mathrm{T}}(\delta\boldsymbol{r}_j + \boldsymbol{A}_j\widetilde{\boldsymbol{\rho}}_j'\delta\boldsymbol{\pi}_j' - \delta\boldsymbol{r}_i + \boldsymbol{A}_\delta\widetilde{\boldsymbol{\rho}}_i'\boldsymbol{\pi}_i') \tag{2-30}$$

式(2-30)中虚位移和虚转动的系数即 TSDA 对应于虚位移和虚转动的角方位形式的广义力

$$Q_i = \frac{F_{ij}}{s_{ij}}\begin{bmatrix} \boldsymbol{d}_{ij} \\ \widetilde{\boldsymbol{\rho}}_i'\boldsymbol{A}_i^{\mathrm{T}}\boldsymbol{d}_{ij} \end{bmatrix},\ Q_j = -\frac{F_{ij}}{s_{ij}}\begin{bmatrix} \boldsymbol{d}_{ij} \\ \widetilde{\boldsymbol{\rho}}_i'\boldsymbol{A}_i^{\mathrm{T}}\boldsymbol{d}_{ij} \end{bmatrix} \tag{2-31}$$

2.4.2 欧拉参数形式的动力学方程

设所研究的多刚体系统由 n 个刚体 $B_i(i = 1, 2, \cdots, n)$ 组成，系统受有形如式(2-14)的 $7n$ 个完整约束，对每个刚体 B_i 都可以写出对应 7 个广义坐标 $[\boldsymbol{r}_i^{\mathrm{T}}\ \ \boldsymbol{p}_i^{\mathrm{T}}]^{\mathrm{T}}$ 的 7 个带乘子的拉格朗日方程：

$$\frac{\mathrm{d}}{\mathrm{d}t}\frac{\partial T_i}{\partial\dot{\boldsymbol{r}}_i} - \frac{\partial T_i}{\partial\boldsymbol{r}_i} + \boldsymbol{\Phi}_{p_i}^{\mathrm{T}}\boldsymbol{\lambda} = Q_i(\boldsymbol{r}_i) \tag{2-32}$$

$$\frac{\mathrm{d}}{\mathrm{d}t}\frac{\partial T_i}{\partial\dot{p}_i} - \frac{\partial T_i}{\partial p_i} + \boldsymbol{\Phi}_{p_i}\boldsymbol{\lambda} = Q_i(\boldsymbol{p}_i) \tag{2-33}$$

式(2-32)包含 3 个方程，式(2-33)包含 4 个方程，$\boldsymbol{\lambda} = \begin{bmatrix} \lambda_1 & \lambda_2 & \cdots \end{bmatrix}$

$\lambda_{7n}]^T$ 是与 $7n$ 个完整约束相匹配的 $7n \times 1$ 拉格朗日乘子列阵。T_i 是刚体 B_i 的动能，有

$$T_i = \frac{1}{2} \dot{r}_i^T m_i \dot{r}_i + 2 \dot{p}_i^T G_i^T J_i' G_i \dot{p}_i \qquad (2\text{-}34)$$

将式(2-34)代入式(2-32)与(2-33)，可得

$$m_i \ddot{r}_i + \Phi_{r_i}^T \lambda = Q_i(r_i) \qquad (2\text{-}35)$$

$$4 G_i^T J_i' G_i \ddot{p}_i + \Phi_{p_i}^T \lambda = Q_i(p_i) - 8 \dot{G}_i^T J_i' G_i \dot{p}_i \qquad (2\text{-}36)$$

将上述方程合并成简洁的矩阵形式，有

$$\boldsymbol{M}_i \ddot{x}_i + \Phi_{x_i}^T \lambda = \boldsymbol{Q}_i^* \qquad (i = 1, 2, \cdots, n) \qquad (2\text{-}37)$$

式中，$\boldsymbol{M}_i$ 是刚体 B_i 的 7×7 广义质量矩阵，$\boldsymbol{Q}^*$ 是刚体 B_i 的 7×1 修正的广义力矩阵，称为修正的原因是以欧拉参数为转动变量，在广义力中包含了附加项。

将系统中 n 个刚体的 n 个方程写成一个统一的矩阵方程，为

$$\boldsymbol{M} \ddot{x} + \Phi_x^T \lambda = \boldsymbol{Q}^* \qquad (2\text{-}38)$$

式(2-38)中 $\boldsymbol{M}$ 和 $\boldsymbol{Q}^*$ 可分别写为

$$\boldsymbol{M} = \text{diag}[\begin{matrix} M_1 & M_2 & \cdots & M_n \end{matrix}] \qquad (2\text{-}39)$$

$$\boldsymbol{Q}^* = [\begin{matrix} Q_1^{*T} & Q_2^{*T} & \cdots & Q_n^{*T} \end{matrix}]^T \qquad (2\text{-}40)$$

式(2-38)就是所要求的完整约束多刚体系统的欧拉参数形式的动力学方程，共含有 $7n$ 个二阶微分方程，它们与代数约束方程式(2-14)一起构成混合的微分-代数方程组，可以求解全部广义坐标 x 和拉格朗日乘子 λ。

2.4.3　伪速度形式的动力学方程

速度分析和加速度分析中给出了伪速度形式的速度约束方程式(2-20)和加速度约束方程式(2-23)，两式中不包括欧拉参数以角速度为变量的速度约束方程和加速度约束方程，因为它们恒自动满足。

根据经典力学的受力关系，可以写出多刚体系统中每个刚体 $B_i(i = 1, 2, \cdots, n)$ 的牛顿-欧拉动力学方程

$$m_i \ddot{r}_i = \boldsymbol{F}_i + \boldsymbol{F}_i^c \qquad (2\text{-}41)$$

$$J_i' \dot{\omega}_i' + \widetilde{\omega}_i' J_i' \omega_i' = \boldsymbol{L}_i' + \boldsymbol{L}_i'^c \qquad (2\text{-}42)$$

式中，$\boldsymbol{F}_i$ 和 $\boldsymbol{F}_i^c$ 是对质心的主动力主矢和约束力主矢在惯性基中的分量列阵，$\boldsymbol{L}_i'$ 和 $\boldsymbol{L}_i'^c$ 是对质心的主动力主矩和约束力主矩在连体基中的分量列阵。

假设所研究的是理想约束系统，根据分析动力学中有关约束理想性的充分

必要条件，可导出应用于多刚体系统以伪速度为变量的第一类拉格朗日方程

$$m_i\ddot{\pmb{r}}_i + \pmb{\Phi}_i^{\mathrm{T}}\lambda = \pmb{F}_i \tag{2-43}$$

$$\pmb{J}_i'\dot{\pmb{\omega}}_i' + \pmb{\Phi}_{\pi_i}^{\mathrm{T}}\lambda = \pmb{L}_i' - \widetilde{\pmb{\omega}}_i'\pmb{J}_i'\pmb{\omega}_i' \tag{2-44}$$

结合式(2-17)，将上述方程合并成简洁的矩阵形式

$$\pmb{M}_i\dot{\pmb{u}}_i + \pmb{\Phi}_{u_i}^{\mathrm{T}}\lambda = \pmb{Q}_i \quad (i=1,\ 2,\ \cdots,\ n) \tag{2-45}$$

式中，$\pmb{M}$ 是刚体 B_i 的 6×6 广义质量矩阵，$\pmb{Q}$ 是刚体 B_i 的 6×1 广义力矩阵。

将系统中 n 个刚体的 n 个方程写成一个统一的矩阵方程

$$\pmb{M}\dot{\pmb{u}} + \pmb{\Phi}_u^{\mathrm{T}}\lambda = \pmb{Q} \tag{2-46}$$

式中，$\pmb{M}$ 和 $\pmb{Q}$ 可分别写为

$$\pmb{M} = \mathrm{diag}\begin{bmatrix} M_1 & M_2 & \cdots & M_n \end{bmatrix} \tag{2-47}$$

$$\pmb{Q} = \begin{bmatrix} Q_1^{\mathrm{T}} & Q_2^{\mathrm{T}} & \cdots & Q_n^{\mathrm{T}} \end{bmatrix}^{\mathrm{T}} \tag{2-48}$$

式(2-46)就是所要求的多刚体系统的伪速度形式的动力学方程，共含有 $6n$ 个以速度分量 u 为变量的一阶微分方程，它们与代数约束方程式(2-14)一起构成混合的微分-代数方程组。

伪速度形式的动力学方程式(2-46)与欧拉参数形式的动力学方程式(2-38)相比有一些优点：由于以角加速度分量代替了欧拉参数的导数，每个刚体只需要三个转动方程，整个系统减少了 n 个动力学方程，此外，伪速度形式的动力学方程的广义质量矩阵的元素都是常量，在计算加速度时不需要重复计算，节省了计算资源。

◆◇ 2.5   本章小结

本章从多刚体系统基本约束方程与典型约束方程入手，介绍了多刚体系统位置分析、速度分析与加速度分析三种运动学分析思路。在此基础上，陈述了多刚体系统的欧拉参数形式动力学方程与伪速度形式动力学方程的建立逻辑与推导思路，可为后续采用多刚体系统动力学方法建立架空线路模型进行知识储备。

◆◇ 参考文献

[1]   袁士杰,吕哲勤.多刚体系统动力学[M].北京:北京理工大学出版社,1992.

第3章 架空线路风致偏摆的多刚体动力学模型

◆ 3.1 引 言

架空线路在大风载荷作用下，发生风偏摇摆运动。在此过程中，若悬垂绝缘子串与输电导线的风偏位移超过线路设计的最大允许范围，则会引发风偏闪络事故。2015 年，龙平甲线 278 号直线塔左相悬垂绝缘子串在暴风天气下发生大幅风偏运动，绝缘子串下端带电导线对该塔上曲臂主辅材发生闪络放电，导致故障跳闸，首次重合不成功，31 分钟后再次重合成功[1]。2018 年，平来线 204 号与 205 号直线塔之间的 B 相导线在大风作用下，短时间内多次对邻近线路的铁塔塔身发生风偏闪络放电，引发故障跳闸，直至数小时后，才恢复正常通电[2]，严重影响了电网系统的正常运行。

目前，计算和分析架空线路风偏响应的方法主要有两种：静力学分析方法与有限元动力学分析方法。静力学分析方法使用方便、运算快捷，在工程设计中得到广泛应用，但其计算结果不够准确，也无法合理解释由动态风偏引发的线路故障。有限元动力学分析方法计算准确、分析全面，但其计算效率低、建模复杂，对工程设计人员存在使用门槛，不便在架空线路设计过程中推广和使用。为此，有必要研究建立一种准确、高效、便于工程设计使用的架空线路风偏动力学计算模型与分析方法，从而达到快速准确地校验和设计架空线路，避免风偏事故发生的目的。

本章在对多起架空线路风偏闪络事故现场分析的基础上，提出能充分表征输电导线、悬垂绝缘子串等架空线路关键部位运动特征的刚体力学模型，根据风偏几何变形的力学关系与能量守恒原则得到模型的特征参数，考虑绝缘子串中各个绝缘子的相对位移，通过来流风与架空线路的相对运动计算气动阻尼，运用分析力学方法建立了连续档架空线路的风偏多刚体动力学计算模型与矩阵表达式；采用量纲分析与相似性理论构建物理仿真风洞试验，通过工程实例计算并与有限元模型进行比较，验证了多刚体模型计算架空线路动态风偏响应的准确性与高效性，进而为本书研究奠定了理论基础。

◆◇ 3.2 连续档架空线路风偏多刚体模型的建立

3.2.1 风偏多刚体模型的提出

选取一段连续档架空线路为研究对象，面对来流风方向，将此段线路铁塔从左至右进行编号($1 \sim n$)，其中 1 号塔、n 号塔为耐张塔，其余为直线塔，绝缘子串编号与其所在塔同号。将第 i 档导线(第 i 串绝缘子串与第 $i+1$ 串绝缘子串之间的导线)的档距记为 L_i，两端挂点距地面高度分别记为 H_i 与 H_{i+1}，其高度差可用高差角 β_i 表示：

$$\beta_i = \tan^{-1}\left(\frac{H_{i+1}-H_i}{L_i}\right) \tag{3-1}$$

以 1 号耐张塔上的导线悬挂点为坐标原点建立全局坐标系，x 轴为沿导线水平方向指向大号塔侧，z 轴为竖直方向指向下。在不受风载荷的情况下，绝缘子串与导线处于同一平面，即 xOz 平面内，此时一档导线的形状由重力载荷决定，其悬挂曲线方程可由斜抛物线方程[3]给出：

$$z = -x\tan\beta_i + \frac{mgx(L_i-x)}{2\sigma_0\cos\beta_i} \tag{3-2}$$

式中，m 为导线单位长度质量；g 为重力加速度；σ_0 为导线运行张力，取年运行张力的平均值。

选择工程设计中认为的对风偏响应最不利风向(来流风沿 y 轴方向垂直作用于 xOz 平面)进行分析[4-5]。在平均风载荷作用下，架空线路处于静态风偏位置，此时第 i 档导线的平均风偏角记为 $\overline{\varphi}_i$，第 i 串悬垂绝缘子串中第 j 片绝缘子的平均风偏角记为 $\overline{\theta}_i(j)$，如图 3-1 所示。

根据设计规范[5]可得平均风偏角 $\overline{\varphi}_i$ 与 $\overline{\theta}_i(j)$ 的表达式分别为

$$\overline{\varphi}_i = \tan^{-1}\left(\frac{\psi\,\overline{V}_i^2}{mg}\right) \tag{3-3}$$

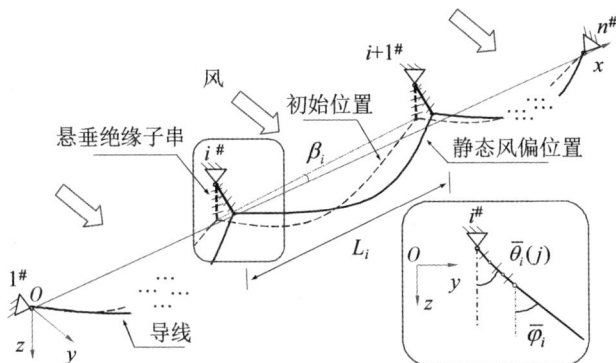

图 3-1 架空线路静态风偏位置示意图

$$\bar{\theta}_i(j) = \tan^{-1}\left(\frac{\psi L_H \left(\bar{V}_{i-1} + \bar{V}_i\right)^2 / 4 + \varphi\, \bar{V}_{Ii}^2\left(n_{Ii} - j + 1\right)/2}{mg L_V + \left(n_{Ii} - j + 1\right)m_I g / 2}\right) \tag{3-4}$$

式中，$\bar{V}_i$ 为作用于第 i 档导线的平均风速；$\bar{V}_{Ii}$ 为作用于第 i 串悬垂绝缘子串的平均风速；n_{Ii} 为第 i 串悬垂绝缘子串中绝缘子的总片数；m_I 为单片绝缘子的质量，其值约为该档导线挂点下方距最大弧垂 2/3 高度处的风速[4]；L_H 为水平档距，L_V 为垂直档距，其表达式为

$$L_H = \frac{L_{i-1} + L_i}{2} \tag{3-5}$$

$$L_V = L_H + \frac{\sigma_0\left(\sin\beta_{i-1} - \sin\beta_i\right)}{mg} \tag{3-6}$$

φ 与 ψ 为迎风系数，其表达式为

$$\varphi = \frac{A_I}{1.6}, \quad \psi = \frac{\rho \mu_{sc} d}{2} \tag{3-7}$$

式中，A_I 为单片绝缘子的迎风面积，ρ 为空气密度，μ_{sc} 为导线的体型系数，d 为输电导线的外径。

架空线路在脉动风载荷作用下发生动态风偏响应，其表现为以静态风偏位置为平衡位置的小幅摆动。通过现场调研与查阅文献[6-8]可知，悬垂绝缘子串与输电导线在平衡位置的风偏往复摆动类似于重锤的单摆运动，且在最不利风向条件下，悬垂绝缘子串与输电导线在 x 方向上的位移远远小于其他方向，可以忽略不计，即可认为架空线路的风偏运动只发生在 yOz 平面内。因此，结合架空线路风偏摆动的运动特征，考虑风偏运动中输电导线两端悬挂点之间的直线距离(以下简称"悬点间距")沿 x 方向的变化量是微小量，盘形绝缘子串各片绝缘子通过球窝铰接等实际因素，可以将一段架空线路的风偏位移响应通过多个刚体的力学系统进行描述，如图 3-2 所示。

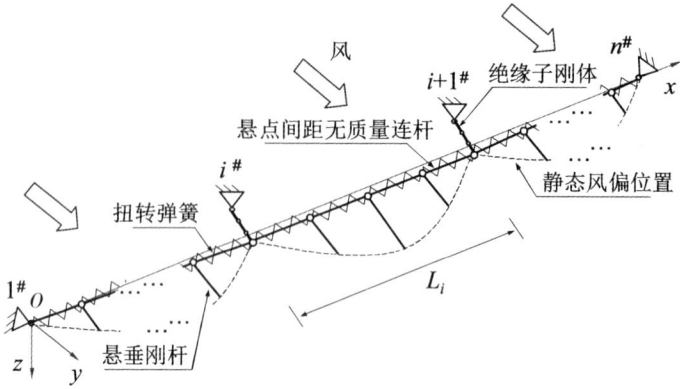

图3-2　架空线路风偏多刚体模型示意图

在架空线路风偏多刚体力学系统中，悬垂绝缘子串由多个绝缘子刚体铰接组成，一档输电导线的风偏运动通过悬点间距无质量连杆、多个悬垂刚杆与扭转弹簧相互连接进行模拟。其中，悬垂刚杆用于展现导线弧段风偏过程中的几何位移与力学关系，扭转弹簧用于模拟此档导线风偏运动中各个部分之间的相互作用，悬点间距无质量连杆用于附加约束，且由于风偏运动中导线两端挂点间距沿 x 方向的变形量远远小于档距，因此可以认为悬点间距连杆是刚性的，不考虑其变形。此外，悬点间距无质量连杆与绝缘子串下端、各个悬垂刚杆上端都通过铰接连接，不计摩擦。

由此可见，合理计算导线刚体模型(悬垂刚杆、扭转弹簧)的特征参数，使其能够准确反映输电导线风偏运动的力学性能，是建立架空线路风偏多刚体动力学计算模型的前提条件。

3.2.2　导线刚体模型的特征参数

3.2.2.1　悬垂刚杆的质心与回转半径

在架空线路静态风偏位置，以第 i 档导线左端悬挂点为原点建立局部坐标系 $x_i y_i z_i$，其中 x_i 轴沿导线水平方向指向右端悬挂点侧，z_i 轴与 z 轴正方向夹角为 $\overline{\varphi}_i$，y_i 轴与 $x_i O_i z_i$ 平面垂直且方向符合右手定则，如图 3-3 所示。

将该档导线沿档距等分为 n_i 段，每段导线等效为一个悬垂刚杆，在 $x_i O_i z_i$ 平面内中，第 k 个悬垂刚杆的质心坐标可以用 $(x_i^c(k), z_i^c(k))$ 进行表示，其可通过

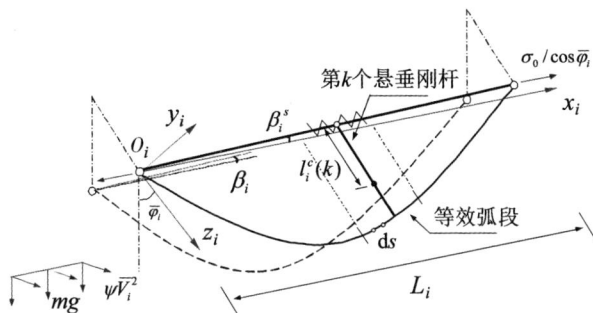

图 3-3 导线局部坐标系与悬垂刚杆参数示意图

该档导线在静态风偏位置的形状求得

$$x_i^c(k) = \int_a^b x_i \Lambda \mathrm{d}x_i \Big/ \int_a^b \Lambda \mathrm{d}x_i \tag{3-8}$$

$$z_i^c(k) = \int_a^b \left(-x_i \sin\beta_i^s + \frac{\bar{f}_i x_i(L_i - x_i)}{2\sigma_0/\cos\overline{\varphi}_i} \right) \Lambda \mathrm{d}x_i \Big/ \cos\beta_i^s \int_a^b \Lambda \mathrm{d}x_i \tag{3-9}$$

式中，β_i^s 表示 $x_i O_i z_i$ 平面内第 i 档导线两端挂点的高差角，其与 β_i 的差值为小量，可按 β_i 处理（下面统一写作 β_i）；$\bar{f}_i$ 表示单位长度导线在静态风偏位置受到的重力载荷与平均风载荷的合力；$\int_a^b \Lambda \mathrm{d}x_i$ 表示第 k 个悬垂刚杆等效的导线弧段线长，其表达式分别为

$$\bar{f}_i = mg\cos\overline{\varphi}_i + \psi \, \overline{V}_i^2 \sin\overline{\varphi}_i \tag{3-10}$$

$$\Lambda = \frac{1}{\cos\beta_i} \left[1 - \frac{\bar{f}_i(L_i - 2x_i)}{2\sigma_0/\cos\overline{\varphi}_i} \sin\beta_i + \frac{1}{2} \left(\frac{\bar{f}_i(L_i - 2x_i)}{2\sigma_0/\cos\overline{\varphi}_i} \cos\beta_i \right)^2 \right] \tag{3-11}$$

$$a = \frac{(k-1)L_i}{n_i}, \quad b = \frac{kL_i}{n_i} \tag{3-12}$$

根据悬垂刚杆的质心坐标，该刚杆质心与自身悬挂点之间距离为

$$l_i^c(k) = z_i^c(k) + x_i^c(k) \cdot \tan\beta_i \tag{3-13}$$

为使悬垂刚杆与输电导线动态等效，需要计算输电导线的转动惯量，由此确定悬垂刚杆的回转半径。在第 k 个悬垂刚杆等效的导线弧段上取一微段 $\mathrm{d}s$，该微段与局部坐标系原点在两方向上的距离分别为 x_i 与 z_i，根据弧微分公式有

$$\mathrm{d}s = \sqrt{1 + z_i'^2} \, \mathrm{d}x_i \tag{3-14}$$

通过式（3-14）与转动惯量定义，该微段对悬垂刚杆挂点处的转动惯量为

$$dJ = m \left(z_i + x_i \tan\beta_i \right)^2 ds \tag{3-15}$$

将式(3-15)对第 k 个悬垂刚杆等效的导线弧段进行积分, 考虑到实际中 $\bar{f}_i/\sigma_0$ 为小量, 略去其高次幂可得

$$J_i(k) = m \left(1 + \frac{\tan^2\beta_i}{2} \right) \int_a^b \left(\frac{\bar{f}_i x_i (L_i - x_i)}{2\sigma_0/\cos\bar{\varphi}_i} \right)^2 dx_i \tag{3-16}$$

式(3-16)为导线弧段对悬垂刚杆挂点处的转动惯量, 根据平行轴定理, 通过式(3-16)便可得到第 k 个悬垂刚杆的回转半径

$$\rho_i^c(k) = \left\{ \frac{n_i}{L_i} \left(1 + \frac{\tan^2\beta_i}{2} \right) \int_a^b \left(\frac{\bar{f}_i x_i (L_i - x_i)}{2\sigma_0/\cos\bar{\varphi}_i} \right)^2 dx_i - \left[l_i^c(k) \right]^2 \right\}^{\frac{1}{2}} \tag{3-17}$$

3.2.2.2 扭转弹簧的刚度

悬垂刚杆之间的扭转弹簧体现了导线各部分之间的相互作用, 考虑到一档导线的弯曲刚度可忽略不计[5], 扭转弹簧的刚度主要反映了风偏过程中输电导线自身的拉伸、扭转特征与导线张力产生的恢复力作用。

在输电导线的静态风偏位置, 令第 i 档导线中第 k 个悬垂刚杆与第 $k+1$ 个悬垂刚杆之间的导线段长度为 $S_i^b(k)$, 由于在架空线路实际工程设计中, 导线的最大弧垂一般控制在档距长度的5%以内, 导线的线长与导线两端挂点之间的直线距离十分接近, 前者只比后者长千分之几, 因此, 该段导线长度 $S_i^b(k)$ 也可由两悬垂刚杆下端之间的直线距离表示:

$$S_i^b(k) = \sqrt{\left[x_i^c(k+1) - x_i^c(k) \right]^2 + \left\{ l_i^r(k+1) - l_i^r(k) - \left[x_i^c(k+1) - x_i^c(k) \right] \tan\beta_i \right\}^2}$$
$$\tag{3-18}$$

式中, $l_i^r(k)$ 为第 k 个悬垂刚杆的长度, 其表达式

$$l_i^r(k) = \frac{\bar{f}_i x_i^c(k) \left[L_i - x_i^c(k) \right]}{2\sigma_0 \cos\beta_i/\cos\bar{\varphi}_i} \tag{3-19}$$

在脉动风的作用下, 悬垂刚杆围绕静态风偏位置发生小幅风偏摆动, 将第 k 个与第 $k+1$ 个悬垂刚杆的脉动风偏角分别记为 $\varphi_i^*(k)$ 与 $\varphi_i^*(k+1)$, 此时相邻悬垂刚杆之间的导线长度变为 $S_i^f(k)$, 如图3-4所示。

根据几何关系可求得 $S_i^f(k)$ 的表达式:

$$S_i^f(k) = \sqrt{\left[S_i^b(k) \right]^2 + \left[l_i^r(k+1) \cdot \varphi_i^*(k+1) - l_i^r(k) \cdot \varphi_i^*(k) \right]^2} \tag{3-20}$$

当 $\varphi_i^*(k) \neq \varphi_i^*(k+1)$ 时, 第 k 个与第 $k+1$ 个悬垂刚杆之间的导线会被拉伸, 即 $S_i^f(k) - S_i^b(k) > 0$, 进而产生拉伸应变能; 两悬垂刚杆下端对应的导线截面

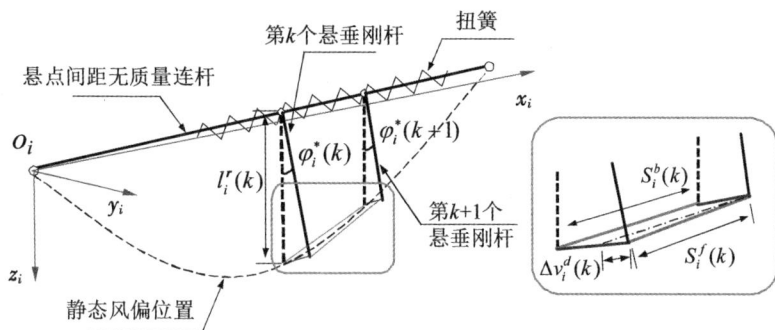

图 3-4 相邻悬垂刚杆风偏摆动几何关系示意图

也会出现相对转动, 致使此段导线发生扭转变形, 产生扭转应变能; 且此时第 k 个悬垂刚杆与相邻刚杆不处于同一平面, 导线张力产生的恢复力也会对其做功。

因此, 可以根据导线风偏几何变形的力学关系计算出第 k 个与第 $k+1$ 个悬垂刚杆之间导线拉伸、扭转、恢复力产生的应变能与功, 再根据能量守恒原则将这些功、应变能与两悬垂刚杆之间的扭转弹簧势能进行等效, 从而计算得到第 k 个与第 $k+1$ 个悬垂刚杆之间扭转弹簧的刚度。

扭转弹簧刚度 $K_i^S(k)$ 的表达式可以写为

$$K_i^S(k) = \frac{K_i^E(k) \cdot [\Delta S_i(k)]^2 + K_i^G(k) \cdot [\Delta \varphi_i^*(k)]^2 + F_i^\sigma(k) \cdot \Delta v_i^d(k)}{[\Delta \varphi_i^*(k)]^2}$$

(3-21)

在式(3-21)中, 等号右边分子项中的第一项代表第 k 个与第 $k+1$ 个悬垂刚杆之间导线的拉伸应变能, $K_i^E(k)$ 表示该段导线的拉伸刚度, $\Delta S_i(k)$ 表示该段导线的长度变化量, 其表达式为

$$K_i^E(k) = \frac{EA}{S_i^b(k)}$$

(3-22)

$$\Delta S_i(k) = S_i^f(k) - S_i^b(k)$$

(3-23)

式中, E 为导线的弹性模量, A 为导线的截面积。

式(3-21)中分子项的第二项代表第 k 个与第 $k+1$ 个悬垂刚杆之间导线的扭转应变能, $K_i^G(k)$ 表示该段导线的扭转刚度, $\Delta \varphi_i^*(k)$ 表示该段导线的扭转变化量, 其表达式分别为

$$K_i^G(k) = \frac{\alpha_G(G_1 I_{p1} + G_2 I_{p2})}{S_i^b(k)}$$

(3-24)

$$\Delta\varphi_i^*(k) = \varphi_i^*(k+1) - \varphi_i^*(k) \tag{3-25}$$

式中，G_1 与 G_2 分别为输电导线的钢芯、铝绞层的扭转弹性模量；I_{p1} 与 I_{p2} 分别为钢芯、铝绞层的扭转极惯性矩；α_G 为考虑导线拧绕特性与截面密实度的系数，通过试验得知其值在 0.11～0.13[9]。

式(3-21)中分子项的第三项代表导线张力产生的恢复力对第 k 个悬垂刚杆做功，$\Delta v_i^d(k)$ 表示相邻悬垂刚杆在摆动方向上的相对位移，$F_i^\sigma(k)$ 为导线张力产生的恢复力，其表达式分别为

$$\Delta v_i^d(k) = \sqrt{[S_i^f(k)]^2 - [S_i^b(k)]^2} \tag{3-26}$$

$$F_i^\sigma(k) = \frac{\Delta v_i^d(k) \cdot \sigma_0 / \cos\overline{\varphi}_i}{x_i^c(k+1) - x_i^c(k)} \tag{3-27}$$

悬垂刚杆与绝缘子串之间的扭转弹簧刚度依然可以通过式(3-21)进行计算，此时只需令 $k=0$ 或 $k=n_i$ 即可。$K_i^s(0)$ 表示第 1 个悬垂刚杆与导线左端挂点处绝缘子串之间的扭转弹簧刚度，$K_i^s(n_i)$ 表示第 n_i 个悬垂刚杆与导线右端挂点处绝缘子串之间的扭转弹簧刚度，其相关参数表达式有

$$x_i^c(0) = 0, \ x_i^c(n_i+1) = L_i \tag{3-28}$$

$$l_i^r(0) = 0, \ l_i^r(n_i+1) = 0 \tag{3-29}$$

$$\varphi_i^*(0) = \theta_i^*(n_{li}), \ \varphi_i^*(n_i+1) = \theta_{i+1}^*(n_{li+1}) \tag{3-30}$$

式中，$\theta_i^*(n_{li})$ 为第 i 串绝缘子串中第 n_{li} 片绝缘子（最下端绝缘子）的脉动风偏角；$\theta_{i+1}^*(n_{li+1})$ 为第 $i+1$ 串绝缘子串中最下端绝缘子的脉动风偏角。

3.2.3 相对风载荷与气动阻尼

导线刚体模型的特征参数反映了风偏过程中输电导线自身的力学性能，相对风载荷与气动阻尼的计算可以明确架空线路风偏摆动时受到的外部激励。

在架空线路风偏多刚体模型中，悬垂绝缘子串等效为由多个绝缘子刚体铰接组成的刚体串，根据单片绝缘子的实际尺寸与力学性能，可以近似地认为单个绝缘子刚体的长度 l_I 为其上下两端挂点间的直线距离，质心位于两端挂点中心，即 $l_I/2$ 处，且质量 m_I 集中在质心处。在脉动风作用下，悬垂绝缘子串中各片绝缘子相对静态风偏位置都有角度偏移，将第 i 串悬垂绝缘子串中第 j 片绝缘子的脉动风偏角记为 $\theta_i^*(j)$，其质心位置处的线位移在全局坐标系中可以分解为沿 y 轴方向的位移 $v_{Ii}^*(j)$ 与沿 z 轴方向的位移 $w_{Ii}^*(j)$，表达式为

$$v_{li}^{*}(j) = l_{I}\left[\frac{\sin[\overline{\theta}_{i}(j) + \theta_{i}^{*}(j)] - \sin\overline{\theta}_{i}(j)}{2} + \sum_{r=1}^{j-1}\left(\sin(\overline{\theta}_{i}(r) + \theta_{i}^{*}(r)) - \sin\overline{\theta}_{i}(r)\right)\right]$$

$$(3-31)$$

$$w_{li}^{*}(j) = -l_{I}\left[\frac{\cos\overline{\theta}_{i}(j) - \cos[\overline{\theta}_{i}(j) + \theta_{i}^{*}(j)]}{2} + \sum_{r=1}^{j-1}\left(\cos\overline{\theta}_{i}(r) - \cos(\overline{\theta}_{i}(r) + \theta_{i}^{*}(r))\right)\right]$$

$$(3-32)$$

其速度可以通过位移对时间求一阶导得到

$$\dot{v}_{li}^{*}(j) = l_{I}\left[\frac{1}{2}\dot{\theta}_{i}^{*}(j)\cos(\overline{\theta}_{i}(j) + \theta_{i}^{*}(j)) + \sum_{r=1}^{j-1}\dot{\theta}_{i}^{*}(r)\cos(\overline{\theta}_{i}(r) + \theta_{i}^{*}(r))\right]$$

$$(3-33)$$

$$\dot{w}_{li}^{*}(j) = -l_{I}\left[\frac{1}{2}\dot{\theta}_{i}^{*}(j)\sin(\overline{\theta}_{i}(j) + \theta_{i}^{*}(j)) + \sum_{r=1}^{j-1}\dot{\theta}_{i}^{*}(r)\sin(\overline{\theta}_{i}(r) + \theta_{i}^{*}(r))\right]$$

$$(3-34)$$

同样，导线刚体模型中各个悬垂刚杆在脉动风的作用下也会发生角度偏移，在局部坐标系 $x_{i}y_{i}z_{i}$ 中，第 k 个悬垂刚杆质心处的位移为

$$v_{i}^{*}(k)\big|_{x_{i}y_{i}z_{i}} = l_{i}^{c}(k)\cdot\sin\varphi_{i}^{*}(k) \tag{3-35}$$

$$w_{i}^{*}(k)\big|_{x_{i}y_{i}z_{i}} = -l_{i}^{c}(k)\cdot[1-\cos\varphi_{i}^{*}(k)] \tag{3-36}$$

相对于自身的静态风偏位置，第 k 个悬垂刚杆质心处的位移不仅包括其在局部坐标系中的位移，还包括悬点间距无质量连杆两端跟随悬垂绝缘子串移动而引起的悬垂刚杆上端挂点处的位移，如图 3-5 所示。

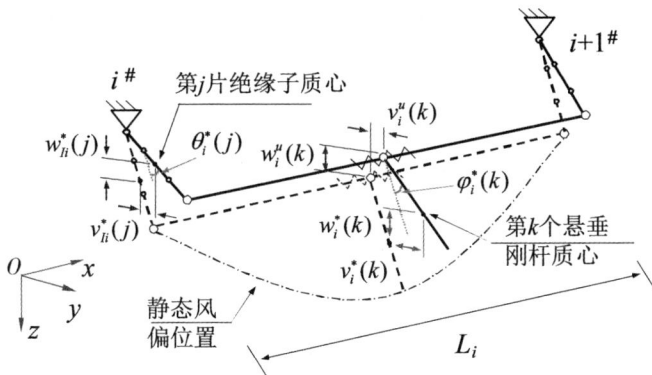

图 3-5　刚体模型位移示意图

考虑到架空线路风偏运动只发生在 yOz 平面内，且不计悬点间距连杆轴向变形，则第 i 档导线模型中第 k 个悬垂刚杆质心在全局坐标系中的位移 $v_i^*(k)$，$w_i^*(k)$ 可以通过坐标系转换表示为

$$\begin{bmatrix} v_i^*(k) \\ w_i^*(k) \\ 1 \end{bmatrix} = \begin{bmatrix} 1 & 0 & v_i^u(k) \\ 0 & 1 & w_i^u(k) \\ 0 & 0 & 1 \end{bmatrix} \begin{bmatrix} \cos\overline{\varphi}_i & \sin\overline{\varphi}_i & 0 \\ -\sin\overline{\varphi}_i & \cos\overline{\varphi}_i & 0 \\ 0 & 0 & 1 \end{bmatrix} \begin{bmatrix} v_i^*(k) \mid_{x_i'y_i'z_i'} \\ w_i^*(k) \mid_{x_i'y_i'z_i'} \\ 1 \end{bmatrix} \quad (3-37)$$

式中，$v_i^u(k)$ 与 $w_i^u(k)$ 分别表示第 k 个悬垂刚杆上端挂点在全局坐标系中沿 y，z 方向的位移，其由悬垂刚杆挂点位置和悬点间距无质量连杆两端位移共同决定，有

$$v_i^u(k) = \frac{x_i^c(k)}{L_i} l_l \sum_{r=1}^{n_{li+1}} \left(\sin(\overline{\theta}_{i+1}(r) + \theta_{i+1}^*(r)) - \sin\overline{\theta}_{i+1}(r) \right) +$$
$$\frac{L_i - x_i^c(k)}{L_i} l_l \sum_{r=1}^{n_{li}} \left(\sin(\overline{\theta}_i(r) + \theta_i^*(r)) - \sin\overline{\theta}_i(r) \right) \quad (3-38)$$

$$w_i^u(k) = -\frac{x_i^c(k)}{L_i} l_l \sum_{r=1}^{n_{li+1}} \left(\cos\overline{\theta}_{i+1}(r) - \cos(\overline{\theta}_{i+1}(r) + \theta_{i+1}^*(r)) \right) -$$
$$\frac{L_i - x_i^c(k)}{L_i} l_l \sum_{r=1}^{n_{li}} \left(\cos\overline{\theta}_i(r) - \cos(\overline{\theta}_i(r) + \theta_i^*(r)) \right) \quad (3-39)$$

第 k 个悬垂刚杆的质心速度 $\dot{v}_i^*(k)$，$\dot{w}_i^*(k)$ 可以通过质心位移对时间求一阶导得到，这里不再赘述。

在架空线路风偏摆动过程中，沿 y 轴方向流入的来流风与悬垂绝缘子串刚体模型、导线刚体模型发生相对运动，通过分析来流风与绝缘子质心、悬垂刚杆质心的相对速度（如图 3-6 所示），可以计算得到架空线路受到的相对风载荷，进而确定架空线路所受的外部激励，并隐式地考虑气动阻尼对架空线路风偏运动的影响。

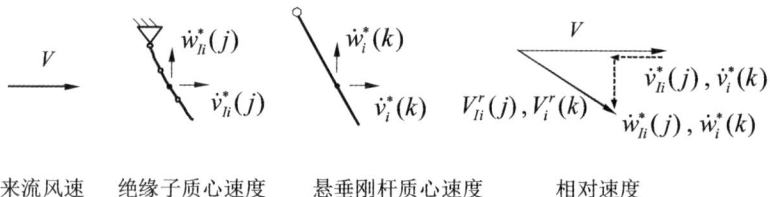

| 来流风速 | 绝缘子质心速度 | 悬垂刚杆质心速度 | 相对速度 |

图 3-6 来流风与架空线路模型的相对速度

图 3-6 中 $V_{li}(j)$，$V_i(k)$ 分别表示来流风与绝缘子质心、悬垂刚杆质心的相对速度，根据相对速度可以算得风偏摆动过程中第 j 片绝缘子与第 k 个悬垂刚杆受到的相对风载荷为

$$F_{li}^r(j) = \varphi \left[V_{li}(j) \right]^2 \tag{3-40}$$

$$F_i^r(k) = \psi \frac{L_i}{n_i} \left[V_i^r(k) \right]^2 \tag{3-41}$$

将绝缘子所受相对风载荷向 y 轴与 z 轴方向进行分解，根据图 3-6 中所示的几何关系，可以得到分量表达式

$$F_{li}^y(j) = F_{li}^r(j) \frac{\overline{V}_{li} + V_{li}^*(j) - \dot{v}_{li}^*(j)}{\sqrt{[\overline{V}_{li} + V_{li}^*(j) - \dot{v}_{li}^*(j)]^2 + [\dot{w}_{li}^*(j)]^2}} \tag{3-42}$$

$$F_{li}^z(j) = F_{li}^r(j) \frac{-\dot{w}_{li}^*(j)}{\sqrt{[\overline{V}_{li} + V_{li}^*(j) - \dot{v}_{li}^*(j)]^2 + [\dot{w}_{li}^*(j)]^2}} \tag{3-43}$$

式中，$V_{li}^*(j)$ 为作用于第 j 片绝缘子的脉动风速，其与平均风速 $\overline{V}_{li}$ 之和便是作用于绝缘子上的来流风速。

将式（3-42）与式（3-43）展开，并通过泰勒公式进行整理，由于在通常情况下脉动风速与绝缘子风偏运动速度相较平均风速为小量，故可将脉动风速与绝缘子风偏运动速度的高次项与乘积项略去不计，则有

$$F_{li}^y(j) = \phi \overline{V}_{li}^2 + 2\phi \overline{V}_{li} V_{li}^*(j) - 2\phi \overline{V}_{li} \dot{v}_{li}^*(j) \tag{3-44}$$

$$F_{li}^z(j) = -\phi \overline{V}_{li} \dot{w}_{li}^*(j) \tag{3-45}$$

式（3-44）与式（3-45）分别表示第 j 片绝缘子受到的 y，z 方向上的相对载荷，同理，可以求得第 k 个悬垂刚杆受到的 y，z 方向上的相对载荷为

$$F_i^y(k) = \psi \frac{L_i}{n_i}\overline{V}_i^2 + 2\psi \frac{L_i}{n_i}\overline{V}_i V_i^*(k) - 2\psi \frac{L_i}{n_i}\overline{V}_i \dot{v}_i^*(k) \tag{3-46}$$

$$F_i^z(k) = -\psi \frac{L_i}{n_i}\overline{V}_i \dot{w}_i^*(k) \tag{3-47}$$

式中，$V_i^*(k)$ 为作用于第 k 个悬垂刚杆的脉动风速。

从式（3-44）至式（3-47）中可以看到，架空线路风偏摆动过程中受到的相对风载荷按照类别不同可以划分为三个部分：第一部分为绝缘子与悬垂刚杆受到的 y 轴方向平均风载荷，即式（3-44）与式（3-46）中等号右边的第一项，其与重力载荷一起将架空线路维持在静态风偏位置，在风偏摆动中起到恢复力的作

用;第二部分为绝缘子、悬垂刚杆受到的 y 轴方向脉动风载荷,即式(3-44)与式(3-46)中等号右边的第二项,其为架空线路围绕静态风偏位置发生摆动时的外部随机激励;第三部分为绝缘子、悬垂刚杆受到的 y,z 两方向上的气动阻尼力,即式(3-44)与式(3-46)中等号右边的第三项和式(3-45)与式(3-47),其作用为耗散架空线路风偏摆动能量,限制摆动幅值。

至此,通过分解相对风载荷得到了作用于第 j 片绝缘子与第 k 个悬垂刚杆的平均风载荷、脉动风载荷与气动阻尼力,为下一步建立架空线路风偏多刚体动力学计算模型的矩阵表达式提供了外部激励。值得注意的是,当架空线路围绕静态风偏位置发生风偏摆动时,平均风载荷为常值,属于有势力,脉动风载荷与气动阻尼力随脉动风速、风偏运动速度变化,属于非有势力,在接下来运用分析力学方法建立计算模型的过程中需要加以区分。

3.2.4 风偏多刚体模型的矩阵表达式

已知模型的特征参数与外部激励,运用分析力学方法,计算架空线路风偏多刚体系统的动能、势能与广义非有势力,建立架空线路风偏多刚体动力学计算模型的矩阵表达式。

3.2.4.1 系统的动能与势能

在架空线路风偏摆动过程中,多刚体模型受到的重力载荷与平均风载荷为有势力,选择静态风偏位置为势能原点,可以计算得到第 j 片绝缘子与第 k 个悬垂刚杆的势能分别为

$$U_{li}(j) = -w_{li}^*(j) \cdot m_l g - v_{li}^*(j) \cdot \phi \, \overline{V}_{li}^2 \tag{3-48}$$

$$U_i(k) = -w_i^*(k) \cdot \frac{mgL_i}{n_i} - v_i^*(k) \cdot \frac{\psi \, \overline{V}_i^2 L_i}{n_i} \tag{3-49}$$

根据3.2.3的分析可知,可以近似认为单片绝缘子的质量集中在质心处,其动能为质心移动的动能;悬垂刚杆存在质心与回转半径,其动能不仅有质心移动的动能,还有自身绕质心转动的动能。因此,风偏摆动过程中第 j 片绝缘子与第 k 个悬垂刚杆的动能分别为

$$T_{li}(j) = \frac{1}{2}m_l \{ [\dot{v}_{li}^*(j)]^2 + [\dot{w}_{li}^*(j)]^2 \} \tag{3-50}$$

$$T_i(k) = \frac{mL_i}{2n_i} \{ [\dot{v}_i^*(k)]^2 + [\dot{w}_i^*(k)]^2 + [\rho_i^c(k) \cdot \dot{\varphi}_i^*(k)]^2 \} \tag{3-51}$$

在摆动过程中，当第 k 个与第 $k+1$ 个悬垂刚杆的脉动风偏角不一致时，它们之间的扭转弹簧会发生扭转变形，进而产生扭转势能，其表达式为

$$U_i^S(k) = \frac{1}{2} K_i^S(k) \left[\varphi_i^*(k+1) - \varphi_i^*(k) \right]^2 \tag{3-52}$$

根据 3.2.1 与 3.2.2 可知，一段连续档架空线路共有 $n-2$ 串悬垂绝缘子串和 $n-1$ 档导线，其中第 i 串绝缘子串含有 n_{li} 片绝缘子，第 i 档导线可以等效为 n_i 个悬垂刚杆，且包含 n_i+1 个扭转弹簧，因此，可以分别得到该段连续档架空线路风偏多刚体系统的动能和势能

$$T = \sum_{i=1}^{n-2} \sum_{j=1}^{n_{li}} T_{li}(j) + \sum_{i=1}^{n-1} \sum_{k=1}^{n_i} T_i(k) \tag{3-53}$$

$$U = \sum_{i=1}^{n-2} \sum_{j=1}^{n_{li}} U_{li}(j) + \sum_{i=1}^{n-1} \sum_{k=1}^{n_i} U_i(k) + \sum_{i=1}^{n-1} \sum_{k=0}^{n_i} U_i^S(k) \tag{3-54}$$

3.2.4.2　绝缘子与悬垂刚杆受到的系统广义非有势力

在架空线路风偏运动的某一瞬时，令第 i 串绝缘子串中第 j 片绝缘子的脉动风偏角 $\theta_i^*(j)$ 有角度虚位移 $\delta\theta_i^*(j)$，其余绝缘子与悬垂刚杆的角度虚位移为 0，则第 j 片绝缘子的质心在 y, z 方向上的虚位移有

$$\delta v_{li}^*(j) \big|_\theta = \frac{1}{2} l_I \cdot \delta\theta_i^*(j) \cdot \cos\left[\overline{\theta}_i(j) + \theta_i^*(j) \right] \tag{3-55}$$

$$\delta w_{li}^*(j) \big|_\theta = -\frac{1}{2} l_I \cdot \delta\theta_i^*(j) \cdot \sin\left[\overline{\theta}_i(j) + \theta_i^*(j) \right] \tag{3-56}$$

在第 j 片绝缘子虚位移的带动下，其下方的各片绝缘子质心在 y, z 方向上的虚位移均为

$$\delta v_{li}^* \big|_\theta = l_I \cdot \delta\theta_i^*(j) \cdot \cos\left[\overline{\theta}_i(j) + \theta_i^*(j) \right] \tag{3-57}$$

$$\delta w_{li}^* \big|_\theta = -l_I \cdot \delta\theta_i^*(j) \cdot \sin\left[\overline{\theta}_i(j) + \theta_i^*(j) \right] \tag{3-58}$$

此时，第 $i-1$ 档导线模型悬点间距无质量连杆的右端挂点与第 i 档导线模型悬点间距无质量连杆的左端挂点也有虚位移 $\delta v_{li}^* \big|_\theta$，$\delta w_{li}^* \big|_\theta$，进而可分别算得第 $i-1$ 档与第 i 档导线模型中各个悬垂刚杆的质心虚位移。

第 $i-1$ 档导线模型中第 k 个悬垂刚杆的质心虚位移为

$$\delta v_{i-1}^*(k) \big|_\theta = \frac{x_{i-1}^c(k)}{L_{i-1}} \delta v_{li}^* \big|_\theta \tag{3-59}$$

$$\delta w_{i-1}^*(k) \big|_\theta = \frac{x_{i-1}^c(k)}{L_{i-1}} \delta w_{li}^* \big|_\theta \tag{3-60}$$

第 i 档导线模型中第 k 个悬垂刚杆的质心虚位移为

$$\delta v_i^*(k)\mid_\theta = \frac{L_i - x_i^c(k)}{L_i}\delta v_{li}^*\mid_\theta \tag{3-61}$$

$$\delta w_i^*(k)\mid_\theta = \frac{L_i - x_i^c(k)}{L_i}\delta w_{li}^*\mid_\theta \tag{3-62}$$

在得到第 i 串绝缘子串中绝缘子的虚位移与第 $i-1$ 档、第 i 档导线模型中悬垂刚杆的虚位移后，便可通过脉动风载荷与气动阻尼力计算它们的虚功。将第 i 串绝缘子串的虚功记为 $\delta W_{li}\mid_\theta$，第 $i-1$ 档与第 i 档导线模型的虚功分别记为 $\delta W_{i-1}\mid_\theta$ 与 $\delta W_i\mid_\theta$，它们的表达式有

$$\delta W_{li}\mid_\theta = 2\varphi\,\overline{V}_{li}[V_{li}^*(j) - \dot{v}_{li}^*(j)]\cdot\delta v_{li}^*(j)\mid_\theta - \varphi\,\overline{V}_{li}\dot{w}_{li}^*(j)\cdot\delta w_{li}^*(j)\mid_\theta +$$
$$2\varphi\,\overline{V}_{li}\sum_{r=j+1}^{n_{li}}(V_{li}^*(r) - \dot{v}_{li}^*(r))\cdot\delta v_{li}^*\mid_\theta - \varphi\,\overline{V}_{li}\sum_{r=j+1}^{n_{li}}\dot{w}_{li}^*(r)\cdot\delta w_{li}^*\mid_\theta$$
$$\tag{3-63}$$

$$\delta W_{i-1}\mid_\theta = \frac{\psi L_{i-1}\overline{V}_{i-1}}{n_{i-1}}\sum_{k=1}^{n_{i-1}}(2(V_{i-1}^*(k) - \dot{v}_{i-1}^*(k))\cdot\delta v_{i-1}^*(k)\mid_\theta - \dot{w}_{i-1}^*(k)\cdot\delta w_{i-1}^*(k)\mid_\theta)$$
$$\tag{3-64}$$

$$\delta W_i\mid_\theta = \frac{\psi L_i\overline{V}_i}{n_i}\sum_{k=1}^{n_i}(2(V_i^*(k) - \dot{v}_i^*(k))\cdot\delta v_i^*(k)\mid_\theta - \dot{w}_i^*(k)\cdot\delta w_i^*(k)\mid_\theta)$$
$$\tag{3-65}$$

则第 j 片绝缘子受到的风偏系统广义非有势力为

$$Q_{li}(j)\mid_\theta = \frac{\delta W_{li}\mid_\theta + \delta W_{i-1}\mid_\theta + \delta W_i\mid_\theta}{\delta\theta_i^*(j)} \tag{3-66}$$

同理，在风偏运动的某一瞬时，令 i 档导线模型中第 k 个悬垂刚杆的脉动风偏角 $\varphi_i^*(k)$ 有角度虚位移 $\delta\varphi_i^*(k)$，其余悬垂刚杆与绝缘子的角度虚位移为 0，则第 k 个悬垂刚杆的质心在 y, z 方向上的虚位移有

$$\delta v_i^*(k)\mid_\varphi = l_i^c(k)\cdot\delta\varphi_i^*(k)\cdot\cos(\overline{\varphi}_i + \varphi_i^*(k)) \tag{3-67}$$

$$\delta w_i^*(k)\mid_\varphi = -l_i^c(k)\cdot\delta\varphi_i^*(k)\cdot\sin(\overline{\varphi}_i + \varphi_i^*(k)) \tag{3-68}$$

在脉动风载荷与气动阻尼力的作用下，第 k 个悬垂刚杆的虚功为

$$\delta W_i(k)\mid_\varphi = \frac{\psi L_i\overline{V}_i}{n_i}\{2[V_i^*(k) - \dot{v}_i^*(k)]\cdot\delta v_i^*(k)\mid_\varphi - \dot{w}_i^*(k)\cdot\delta w_i^*(k)\mid_\varphi\}$$
$$\tag{3-69}$$

由于单个悬垂刚杆的虚位移不能带动其他悬垂刚杆与绝缘子产生虚位移，因此，第 k 个悬垂刚杆受到的风偏系统广义非有势力为

$$Q_i(k)\mid_\varphi = \frac{\delta W_i(k)\mid_\varphi}{\delta\varphi_i^*(k)} \qquad (3\text{-}70)$$

3.2.4.3　建立风偏多刚体模型矩阵表达式

选取第 i 串绝缘子串中第 j 片绝缘子的脉动风偏角 $\theta_i^*(j)$ 与第 i 档导线中第 k 个悬垂刚杆的脉动风偏角 $\varphi_i^*(k)$ 为系统的广义坐标，根据拉格朗日方程得到架空线路风偏多刚体模型的运动方程为

$$\left.\begin{array}{l}\dfrac{\mathrm{d}}{\mathrm{d}t}\left(\dfrac{\partial T}{\partial\dot\theta_i^*(j)}\right)-\dfrac{\partial T}{\partial\theta_i^*(j)}+\dfrac{\partial U}{\partial\theta_i^*(j)}=Q_{Ii}(j)\mid_\theta\\[4mm]\dfrac{\mathrm{d}}{\mathrm{d}t}\left(\dfrac{\partial T}{\partial\dot\varphi_i^*(k)}\right)-\dfrac{\partial T}{\partial\varphi_i^*(k)}+\dfrac{\partial U}{\partial\varphi_i^*(k)}=Q_i(k)\mid_\varphi\end{array}\right\} \qquad (3\text{-}71)$$

将系统的动能、势能与广义非有势力代入式(3-71)，略去脉动风速与绝缘子、悬垂刚杆风偏运动速度的高次项与乘积项，并将系统广义非有势力中的气动阻尼项移至方程左边，可得架空线路风偏多刚体动力学计算模型的矩阵表达式为

$$[\boldsymbol{M}_i]\{\ddot{\boldsymbol{x}}\}+[\boldsymbol{C}_i]\{\dot{\boldsymbol{x}}\}+[\boldsymbol{K}_i]\{\boldsymbol{x}\}=\{\boldsymbol{F}_i\} \qquad (3\text{-}72)$$

式中，$[\boldsymbol{M}_i]$，$[\boldsymbol{C}_i]$ 与 $[\boldsymbol{K}_i]$ 分别表示风偏多刚体模型的质量矩阵、阻尼矩阵与刚度矩阵，$\{\boldsymbol{x}\}$ 表示绝缘子与悬垂刚杆的脉动风偏角位移向量，$\{\boldsymbol{F}_i\}$ 表示模型受到的脉动风载荷向量，它们的表达式分别为

$$[\boldsymbol{M}_i]=\begin{bmatrix}\boldsymbol{\Lambda}_{i-1}^m & \cdots & \boldsymbol{E}_{i-1}^m(k) & \cdots & \boldsymbol{I}_i^m \\ \vdots & & \vdots & & \vdots \\ \boldsymbol{P}_{i-1}^m(k) & \cdots & \boldsymbol{O}_{i-1}^m(k) & \cdots & \boldsymbol{Q}_{i-1}^m(k) \\ \vdots & & \vdots & & \vdots \\ \boldsymbol{H}_{i-1}^m & \cdots & \boldsymbol{D}_{i-1}^m(k) & \cdots & \boldsymbol{\Lambda}_i^m & \cdots & \boldsymbol{E}_i^m(k) & \cdots & \boldsymbol{I}_{i+1}^m \\ & & & & \vdots & & \vdots & & \vdots \\ & & & & \boldsymbol{P}_i^m(k) & \cdots & \boldsymbol{O}_i^m(k) & \cdots & \boldsymbol{Q}_i^m(k) \\ & & & & \vdots & & \vdots & & \vdots \\ & & & & \boldsymbol{H}_i^m & \cdots & \boldsymbol{D}_i^m(k) & \cdots & \boldsymbol{\Lambda}_{i+1}^m\end{bmatrix}$$

$$(3\text{-}73)$$

$$[C_i] = \begin{bmatrix} \boldsymbol{\Lambda}_{i-1}^c & \cdots & \boldsymbol{E}_{i-1}^c(k) & \cdots & \boldsymbol{I}_i^c & & & & & \\ \vdots & & \vdots & & \vdots & & & & & \\ \boldsymbol{P}_{i-1}^c(k) & \cdots & \boldsymbol{O}_{i-1}^c(k) & \cdots & \boldsymbol{Q}_{i-1}^c(k) & & & & & \\ \vdots & & \vdots & & \vdots & & & & & \\ \boldsymbol{H}_{i-1}^c & \cdots & \boldsymbol{D}_{i-1}^c(k) & \cdots & \boldsymbol{\Lambda}_i^c & \cdots & \boldsymbol{E}_i^c(k) & \cdots & \boldsymbol{I}_{i+1}^c \\ & & & & \vdots & & \vdots & & \vdots \\ & & & & \boldsymbol{P}_i^c(k) & \cdots & \boldsymbol{O}_i^c(k) & \cdots & \boldsymbol{Q}_i^c(k) \\ & & & & \vdots & & \vdots & & \vdots \\ & & & & \boldsymbol{H}_i^c & \cdots & \boldsymbol{D}_i^c(k) & \cdots & \boldsymbol{\Lambda}_{i+1}^c \end{bmatrix}$$

$$(3-74)$$

$$[K_i] = \begin{bmatrix} \boldsymbol{\Lambda}_{i-1}^k & \boldsymbol{J}_{i-1}^k & & & & & & & \\ & \ddots & & & & & & & \\ & \boldsymbol{R}_{i-1}^k(k) & \boldsymbol{O}_{i-1}^k(k) & \boldsymbol{S}_{i-1}^k(k) & & & & & \\ & & & \ddots & & & & & \\ & & & & \boldsymbol{N}_{i-1}^k & \boldsymbol{\Lambda}_i^k & \boldsymbol{J}_i^k & & \\ & & & & & \ddots & & & \\ & & & & & \boldsymbol{R}_i^k(k) & \boldsymbol{O}_i^k(k) & \boldsymbol{S}_i^k(k) & \\ & & & & & & & \ddots & \\ & & & & & & & \boldsymbol{N}_i^k & \boldsymbol{\Lambda}_{i+1}^k \end{bmatrix}$$

$$(3-75)$$

$$\{x\} = \begin{bmatrix} \boldsymbol{\theta}_{i-1}^* & \cdots & \boldsymbol{\varphi}_{i-1}^*(k) & \cdots & \boldsymbol{\theta}_i^* & \cdots & \boldsymbol{\varphi}_i^*(k) & \cdots & \boldsymbol{\theta}_{i+1}^* \end{bmatrix}^T \quad (3-76)$$

$$\{F_i\} = \begin{bmatrix} \boldsymbol{F}_{i-1}^w & \cdots & \boldsymbol{F}_{i-1}^\varphi(k) & \cdots & \boldsymbol{F}_i^w & \cdots & \boldsymbol{F}_i^\varphi(k) & \cdots & \boldsymbol{F}_{i+1}^w \end{bmatrix}^T \quad (3-77)$$

式(3-73)至式(3-77)中的粗斜体项表示矩阵,其各个元素的表达式详见文末附录 I 。

式(3-72)表述了架空线路第 i 串悬垂绝缘子串及两侧导线以静态风偏位置为平衡位置的动态风偏位移响应。当式(3-72)扩展至整段架空线路时,需要以耐张塔上的绝缘子串风偏角为边界条件,即 $\boldsymbol{\theta}_1^* = \boldsymbol{\theta}_n^* = \boldsymbol{0}$,如此便可求得架空线路中各串悬垂绝缘子串与各档输电导线的动态风偏位移,其中,一档导线上任意位置的风偏位移可以采用该档导线悬垂刚杆风偏角与导线弧垂通过插值方法计算得到。

当架空线路使用复合绝缘子串或分裂导线时，依然可以使用式(3-72)对其风偏位移响应进行计算。对于复合绝缘子串，根据芯棒特性可以将其看作一整根刚杆，此时令风偏多刚体模型中变量 n_{l_i} 的值为 1，并将复合绝缘子串的质量、长度、迎风面积等参数代入模型的对应变量，便可通过式(3-72)计算得到复合绝缘子串的动态风偏位移响应；对于分裂导线，由于间隔棒的存在，其在大风作用下呈整体风偏运动形态，子导线对风偏运动的影响可以忽略不计[10-12]，因此可以将一档分裂导线等效为一根导线[13-16]，进而采用式(3-72)进行计算。

架空线路风偏多刚体动力学计算模型以矩阵表达式的形式呈现，可采用编译性语言进行开发，易于封装成功能模块，通过开放接口的方式供第三方计算平台调用，便于在线分析，使用者无需建立模型，输入基本参数便可进行计算，有利于在架空线路工程设计过程中推广和应用。

◆◇ 3.3　物理仿真风洞试验验证

3.3.1　量纲分析与相似准则

采用比例模型开展物理仿真风洞试验，考虑到实际工程中风偏系统的受力对象主要为输电导线，因此选择导线为相似对象，从几何、气动、能量三个条件中选取关键参数[17]，采用量纲分析方法得到模型与原型的相似准则[18]，构建能够模拟架空线路风偏运动的物理仿真模型风洞试验，再将试验参数代入多刚体动力学模型进行计算，并与试验结果相比较，进而验证多刚体模型计算架空线路动态风偏位移响应的准确性。

3.3.1.1　几何条件相似

第 i 档含有高差的导线几何构型方程为

$$z=-x\tan\beta_i+\frac{mgx(L_i-x)}{2\sigma_0\cos\beta_i}=-x\frac{\Delta H_i}{L_i}+\frac{mgx(L_i-x)}{2\sigma_0\cos(\tan^{-1}\Delta H_i/L_i)} \qquad (3-78)$$

式中，ΔH_i 为第 i 档导线两端悬挂点的高度差，有 $\Delta H_i=H_{i+1}-H_i$，g 为固定常值，因此根据几何条件可以选取 L_i，m，σ_0 与 ΔH_i 为关键参数。

3.3.1.2　气动条件相似

气动条件体现了来流风载荷对输电导线风偏角的影响，为使模型与原型的气动条件相似，应确保模型的平均风偏角与原型相同。

第 i 档导线的平均风偏角方程为

$$\tan\overline{\varphi}_i = \frac{\mu_{sc}\,\rho\,\overline{V}_i^2 d}{2mg} = \frac{\lambda \cdot \mu_{sc}\rho}{2g} \tag{3-79}$$

式中，μ_{sc} 耦合于其他变量，ρ 为常值，输电导线平均风偏角的幅值由 $\overline{V}_i$，d 和 m 共同决定，由于 m 是几何条件中的关键参数，因此在气动条件中选择比值 λ 作为关键参数，有 $\lambda = \overline{V}_i^2 d/m$。

3.3.1.3　能量条件相似

输电导线为绞线结构，其在风偏运动中的扭转能远远小于拉伸能，因此选取拉伸能为对象分析模型与原型的能量条件相似。

第 i 档导线的拉伸能方程为

$$V_\varepsilon = \int_0^{L_i}\left(\sigma_0 + \frac{EA\varepsilon}{2}\right)\mathrm{d}(\Delta s) \tag{3-80}$$

式中，ε 表示应变，Δs 为导线单位长度变量，由于 A，Δs 和 ε 耦合于其他变量，因此选取 E 为关键参数。

综上所述，根据以上三个相似条件，共选取了六个参数作为关键参数，其分别为导线档距长度 L_i、导线单位质量 m、运行张力 σ_0、高度差 ΔH_i、气动条件比值 λ 与弹性模量 E，再以质量（[M]）、长度（[L]）、时间（[T]）为基本量纲，建立量纲矩阵，如表 3-1 所示。

表 3-1　量纲矩阵

基本量纲	L_i	m	σ_0	ΔH_i	λ	E
[M]	0	1	1	0	-1	1
[L]	1	-1	1	1	4	-1
[T]	0	0	-2	0	-2	-2

根据量纲分析的 Pi 定理[19-20]可知，关键参数之间的基本关系如式（3-81）所示：

$$f(L_i,\ m,\ \sigma_0,\ \Delta H_i,\ \lambda,\ E) = 0 \tag{3-81}$$

由于有 3 个基本量纲，因此可以确定 3 个相似原理的 π 准则，有

$$\begin{cases} f(\pi_1,\ \pi_2,\ \pi_3) = 0 \\ (\pi_i) = L_i^{a_1},\ m^{a_2},\ \sigma_0^{a_3},\ \Delta H_i^{a_4},\ \lambda^{a_5},\ E^{a_6} \end{cases} \tag{3-82}$$

通过式（3-82），结合表 3-1，可以得到如下 3 个等式：

$$\begin{cases} a_2+a_3-a_5+a_6=0 \\ a_1-a_2+a_3+a_4+4a_5-a_6=0 \\ -2a_3-2a_5-2a_6=0 \end{cases} \qquad (3-83)$$

将式(3-83)中变量 $a_4 \sim a_6$ 赋予 3 组值,即(1, 0, 0),(0, 1, 0)与(0, 0, 1),可推导得到变量 $a_1 \sim a_3$ 的数值,再通过变量数值建立 π 准则的量纲指数矩阵,如表 3-2 所示。

表 3-2 π 准则量纲指数矩阵

π 准则	L_i	m	σ_0	ΔH_i	λ	E
π_1	-1	0	0	1	0	0
π_2	-1	2	-1	0	1	0
π_3	2	0	-1	0	0	1

根据表 3-2,可得到 3 个 π 准则的表达式:

$$\begin{cases} \pi_1 = \dfrac{\Delta H_i}{L_i} \\[2mm] \pi_2 = \dfrac{\lambda m^2}{L_i \sigma_0} \\[2mm] \pi_3 = \dfrac{E L_i^2}{\sigma_0} \end{cases} \qquad (3-84)$$

按照相似理论,当模型的 π(记为 π_{im})与原型的 π(记为 π_{ip})相等时,即可认为模型与原型相似,其表达式可写为

$$\pi_{im} = \pi_{ip}, \ i = 1, 2, 3 \qquad (3-85)$$

3.3.2 物理仿真模型的风洞试验系统

为模拟实际条件下输电导线的动力学性能,使用聚苯乙烯棒与钢丝绳构建导线的物理仿真模型。钢丝绳作为仿真模型的型芯,其作用为承担运行张力;聚苯乙烯棒包裹在钢丝绳外面,用于增加仿真模型的受风面积与自重,以确保模型和原型的气动条件相似。输电导线的物理仿真模型如图 3-7 所示。

选择型号为 JL/G1A-630/45 的输电导线作为原型,通过式(3-84)与式(3-85)得到试验中使用的仿真模型物理参数值,如表 3-3 所示。

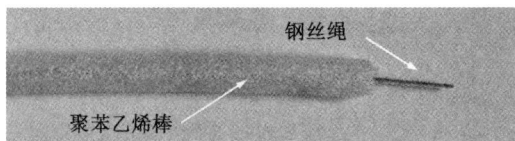

图 3-7 输电导线的物理仿真模型

表 3-3 原型与仿真模型的物理参数值

物理参数	直径 /mm	档距 /m	运行张力 /N	单位长度质量 /(kg·m⁻¹)	弹性模量 /GPa	高差 /m
原型	33.8	180	25000.0	2.0790	63	10.000
仿真模型	6.0	1	2.4	0.0034	206	0.055

注：表中仿真模型的型芯直径为 1 mm。

通过低速射流风洞模拟风场，该风洞全长 4.8 m，由动力系统、紊流网、稳定段、收缩段、试验段五个部分组成。其中，动力系统尺寸为 0.25 m×2 m×1.05 m，由 3 个三相异步电动风机组成；稳定段建立在收缩段两端，尺寸分别为 1.5 m×2 m×1.05 m 与 1 m×2 m×0.6 m，其与紊流网保证了气流的流动质量；收缩段长宽尺寸为 1.4 m×2 m，进口高度为 1.05 m，出口高度为 0.6 m，其壁面设计采用双三次风洞收缩曲线[21]，作用是使动力系统提供的来流风气流产生均匀稳定的加速；试验段尺寸为 0.65 m×2 m×0.6 m，其周边安装透明板，以方便观察模型运动。为使试验风速具有较为明显的脉动性，通过变频器控制动力系统连续调节风速(试验风速可调范围为 0~3 m/s)，从而产生在均值附近连续波动的风速。虽然试验风速空间相关性较强，且脉动性能与实际风速有一定区别，但其作为激励施加至试验模型与多刚体模型，得到试验与理论计算结果，进而对比验证多刚体模型的准确性，是满足试验目的的。

在风洞试验中，使用物理仿真模型模拟"两档"架空线路，档距分别为 1.1 m 和 0.9 m，导线端部与绝缘子串下端的高度差分别为 0.04 m 和 0.02 m。为满足绝缘子串受载远远小于导线的实际情况，并体现绝缘子的相对运动，绝缘子串模型由 3 段直径为 1 mm 的锡棒连接组成，其上端悬挂在试验段上方壁面，下端与导线模型连接。导线模型右侧固定，左侧通过张力传感器与花篮螺丝连接，以控制张力，图 3-8 为风洞试验示意图。采用 IFA300 等温热线薄膜风速仪进行风速测量，使用 NIKON D300S 相机对模型的风偏运动进行摄录，选取工程设计中最为关注的绝缘子串下端顺风向位移与各档导线最大弧垂位置处顺风向位移为观察对象，通过视觉算法[22-23]对运动轨迹进行识别，分别得到绝缘子串下端与导线最大弧垂位置的顺风向位移时程曲线。由于在该试验设计中绝缘子串长度不影响多刚体模型的验证结果，因此可以选择较长的绝缘子串模型（本试验中绝缘子串模型总长为 10 cm），以方便视觉算法识别，试验模型与风偏瞬时图像如图 3-9 所示。

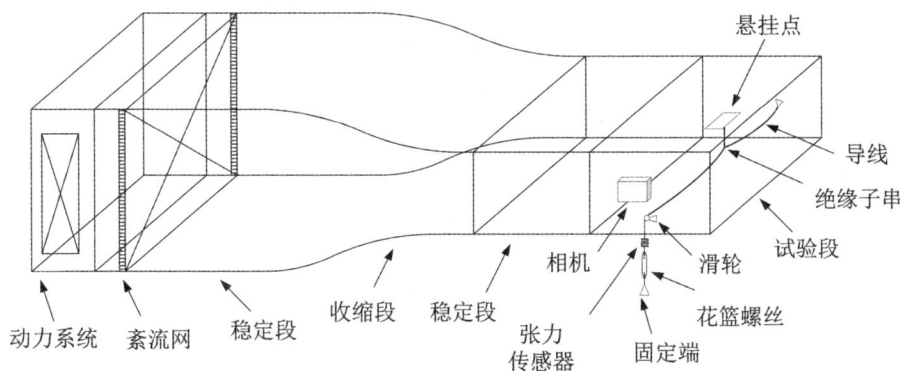

图 3-8　风洞试验示意图

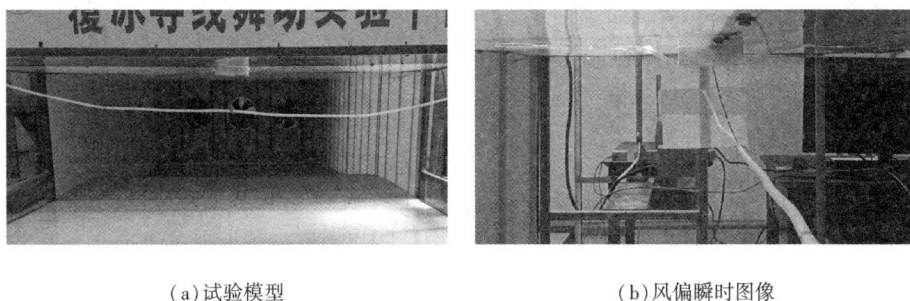

（a）试验模型　　　　　　　　　（b）风偏瞬时图像

图 3-9　物理仿真模型的风洞试验

3.3.3　结果计算与准确性验证

将试验模型的物理参数和试验风速代入架空线路风偏多刚体动力学模型，采用 Newmark-β 法进行计算，时间步长取 0.01 s，已知 Newmark-β 法的基本方程为

$$\begin{cases} \{\dot{x}_{s+1}\} = \{\dot{x}_s\} + (\Delta t)\left[(1-\gamma)\{\ddot{x}_s\} + \gamma\{\ddot{x}_{s+1}\}\right] \\ \{x_{s+1}\} = \{x_s\} + (\Delta t)\{\dot{x}_s\} + (\Delta t)2\left[\left(\frac{1}{2}-\beta\right)\{\ddot{x}_s\} + \beta\{\ddot{x}_{s+1}\}\right] \end{cases}$$
(3-86)

式中，下标表示时间步，即对于时间增量 Δt 有 $\{x_s\} = x(t)$ 和 $\{x_{s+1}\} = x(t+\Delta t)$，当 γ 取 1/2、β 取 1/4 时，Newmark-β 法为常平均加速度法且无条件收敛。

将式(3-72)写为 Newmark-β 法的表达形式，有

$$\{\ddot{x}_{s+1}\} = [M_i]^{-1}[\{F_{i\ s+1}\} - [C_i]\{\dot{x}_{s+1}\} - [K_i]\{x_{s+1}\}] \tag{3-87}$$

合并整理式(3-86)与式(3-87)，两边同时除以 $(\Delta t)^2\beta$，可得

$$\left(\frac{[M_i]}{(\Delta t)^2\beta} + [K_i]\right)\{x_{s+1}\} = \frac{[M_i]}{(\Delta t)^2\beta}\{x_s\} + \frac{[M_i]}{\Delta t\beta}\{\dot{x}_s\} + \frac{[M_i]}{\beta}\left(\frac{1}{2}-\beta\right)\{\ddot{x}_s\} +$$

$$\{F_{i\ s+1}\} - [C_i]\{\dot{x}_s\} - [C_i](\Delta t)(1-\gamma)\{\ddot{x}_s\}$$

$$\tag{3-88}$$

在 $t=0$ 时刻，已知初始条件 $\{x_0\}$，$\{\dot{x}_0\}$，则根据式(3-87)可以求得 $\{\ddot{x}_0\}$，再根据式(3-88)可求得 $\{x_1\}$，然后通过式(3-86)求得 $\{\dot{x}_1\}$，$\{\ddot{x}_1\}$。由于对于 $\{F_i\}$，所有时间步是已知的，因此可循环迭代计算得到 $\{x\}$，$\{\dot{x}\}$，$\{\ddot{x}\}$ 的所有时间步。

计算结束后，将多刚体模型结果与试验结果进行比较，绘制试验风速（平均风速为 1.5 m/s）、绝缘子串下端顺风向位移、导线最大弧垂位置顺风向位移的时程曲线，如图 3-10 所示。为进一步验证多刚体模型，再分别选取平均风速为 1 m/s 和 2 m/s 的试验风速进行试验和计算，并将结果汇总至表 3-4 中。

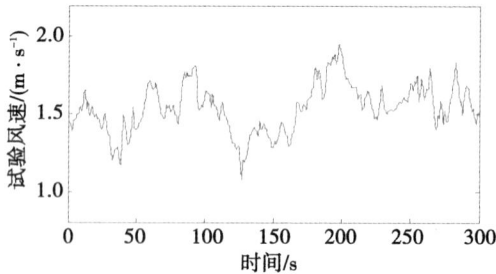

（a）试验风速时程

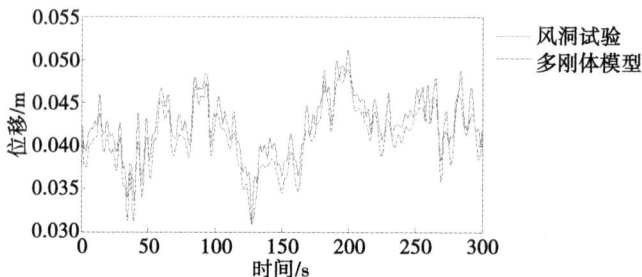

（b）绝缘子串下端顺风向位移时程

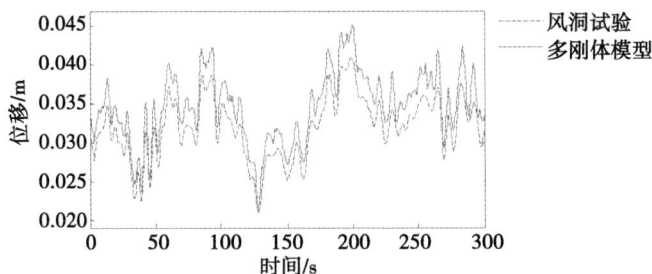

（c）左档导线最大弧垂处顺风向位移时程

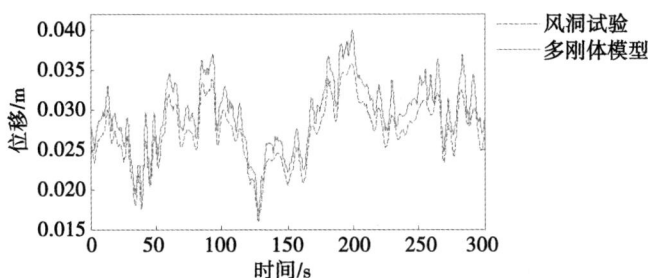

（d）右档导线最大弧垂处顺风向位移时程

图 3-10　风速与风偏响应时程曲线

表 3-4　多刚体模型与风洞试验的风偏响应对比

名称	平均风速 /(m·s⁻¹)	风偏响应均值/m			风偏响应标准差/m		
		试验	模型	相对误差	试验	模型	相对误差
绝缘子串	1.0	0.030	0.031	3.22%	3.7×10^{-3}	3.9×10^{-3}	5.13%
	1.5	0.041	0.042	2.38%	3.4×10^{-3}	3.6×10^{-3}	5.56%
	2.0	0.049	0.051	3.92%	3.1×10^{-3}	3.2×10^{-3}	3.13%
左档导线	1.0	0.022	0.023	4.35%	4.1×10^{-3}	4.4×10^{-3}	6.81%
	1.5	0.029	0.030	3.45%	3.9×10^{-3}	4.2×10^{-3}	7.14%
	2.0	0.037	0.039	5.13%	3.6×10^{-3}	3.8×10^{-3}	5.26%
右档导线	1.0	0.019	0.020	4.76%	4.0×10^{-3}	4.3×10^{-3}	6.97%
	1.5	0.027	0.028	3.57%	3.8×10^{-3}	4.1×10^{-3}	7.32%
	2.0	0.033	0.035	5.71%	3.5×10^{-3}	3.7×10^{-3}	5.41%

　　由图 3-10 和表 3-4 可见，在同一激励作用下，架空线路风偏多刚体模型计算得到的绝缘子串下端、两档导线最大弧垂位置处顺风向位移时程曲线与风

洞试验结果基本吻合，两种方法得到的风偏响应差异率可以满足工程使用需求，从而验证了架空线路风偏多刚体动力学计算模型的准确性。

◆◇ 3.4 工程实例计算与模型对比分析

3.4.1 工程实例的脉动风场模拟

依托于国家电网公司科技项目，以西北地区某段 220 kV "三档" 架空线路为分析对象，该段架空线路两端为耐张塔(标记为 1# 塔与 4# 塔)，中间有两基直线塔(标记为 2# 塔和 3# 塔)，档距分别为 310，280，350 m，导线悬挂点距地面高度分别为 26，30，30，28 m，悬垂绝缘子串的型号为 U160B 盘形绝缘子串，其总长为 3.1 m，总重为 112.4 kg，绝缘子片数为 16 片，输电导线型号为 JL/G1A-630/45，其直径为 33.8 mm，单位长度质量为 2.079 kg/m，年平均运行张力为 28000 N，来流风垂直作用于线路初始平面，标准高度 10 m 处的基准风速为 25 m/s，此段架空线路示意图如图 3-11 所示。

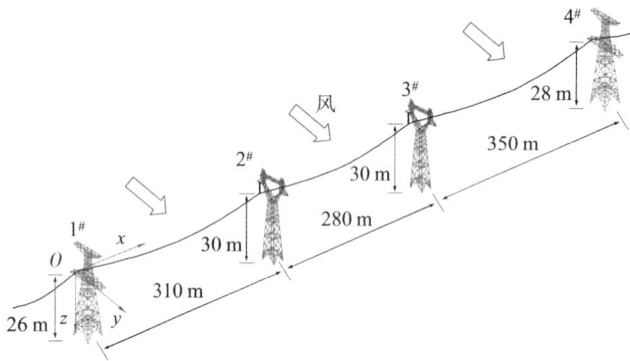

图 3-11 架空线路示意图

采用随高度变化的 Kaimal 风速谱和 Davenport 相干函数模拟 10 min 时距脉动风场，已知 Kaimal 风速谱的表达式为

$$\frac{fS(M_o)}{V_*^2} = \frac{200M_o}{(1+50M_o)^{5/3}} \tag{3-89}$$

式中，$M_o = fz/\overline{V}(z)$ 为无量纲 Monin 坐标，f 表示频率，z 为距地面的高度，$\overline{V}(z)$ 为高度 z 处的平均风速；V_* 为摩阻速度，其可表示为

$$V_* = k \cdot \bar{V}(10) / \ln(10/z_0) \qquad (3-90)$$

式中, k 为 Kaimal 常数, 有 $k = 0.4$; z_0 为地面粗糙长度, 开阔地形取值 0.05 m。

相干函数由 Darvenport 指数函数模型给出, 有

$$coh_v(x_1, x_2, z_1, z_2, f) = \exp\left(-\frac{f}{\bar{V}}\left[c_x^2 \mid x_1 - x_2 \mid^2 + c_z^2 \mid z_1 - z_2 \mid^2\right]^{\frac{1}{2}}\right) \qquad (3-91)$$

式中, c_x, c_z 为衰减系数, 有 $c_x = 16$, $c_z = 10$。

采用线性滤波法对 Kaimal 风速谱进行变换, 利用 Darvenport 相干函数求取回归系数矩阵 $\boldsymbol{\psi}_k$, 生成协方差矩阵 $\boldsymbol{R}$, 再构造独立正态随机过程向量 $\boldsymbol{N}(t)$ 与风速之间的互相关函数矩阵 $\boldsymbol{R}_N$, 并对 $\boldsymbol{R}_N$ 进行 Cholesky 分解, 生成标准正态分布随机数, 进而通过 AR 模型综合得到脉动风场的风速时程。由线性滤波法对 Kaimal 风速谱进行数值模拟生成脉动风场的具体过程详见文献[24], 此处不再赘述。

工程实例中架空线路位于开阔地带, 故选取 B 类地形粗糙度指数 0.15 进行风速高度换算。该段架空线路中各档导线均可采用 5 根悬垂刚杆进行模拟, 考虑到在架空线路脉动风场模拟中, 每根悬垂刚杆和每串绝缘子串各自对应一个风速样本, 因此共需要模拟 17 个风速样本。将这 17 个风速样本沿 x 方向进行编号, 以第 3 个风速样本为例, 绘制脉动风速时程曲线及其对应的风功率谱, 如图 3-12(a)(b)所示; 再以第 3 个、第 4 个与第 12 个风速样本为例, 绘制第 3 个风速样本的自相关函数曲线及其与第 4 个、第 12 个风速样本之间互相关函数曲线, 如图 3-12(c)所示。

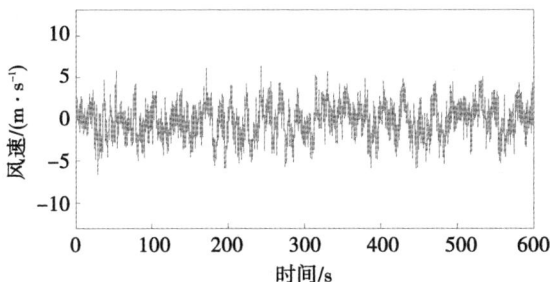

(a)脉动风速时程曲线

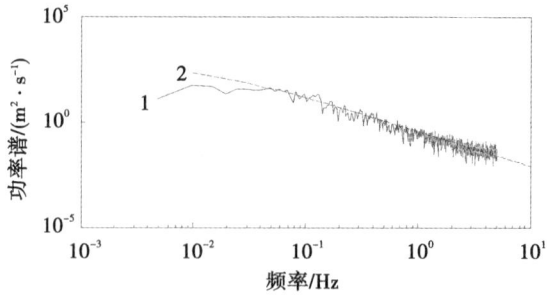

1—模拟谱；2—目标谱

(b)功率谱比较

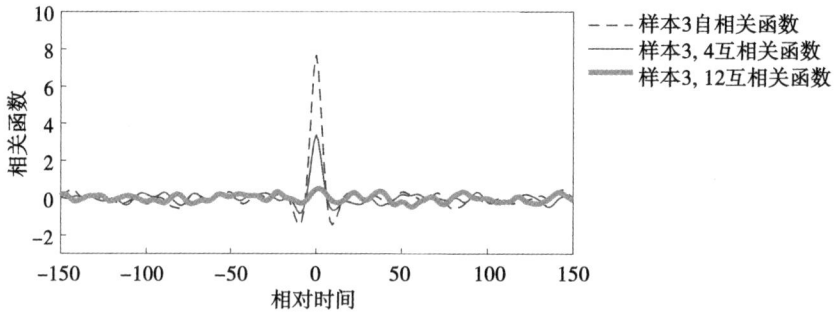

(c)风速样本的相关函数

图 3-12 脉动风场模拟

由图 3-12 可见，模拟脉动风的功率谱与 Kaimal 风速谱(目标谱)吻合程度很高，证明了脉动风速模拟的正确性；风速样本的相关函数曲线体现了脉动风场的相关性，两个风速样本之间距离越大，其相关性越弱，符合自然规律，证明了脉动风场模拟的正确性。

3.4.2 动态风偏响应计算与结果分析

通过式(3-2)可推导得到导线的最大弧垂表达式为

$$f_{i\max} = \frac{mgL_i^2}{8\sigma_0\cos\beta_i} \qquad (3-92)$$

根据工程实例条件，求得三档导线的最大弧垂分别为 8.74，7.13，11.14 m，再通过式(3-3)与式(3-4)求得架空线路各档导线与各串绝缘子串的平均风偏角,进而可以确定架空线路的静态风偏位置。

将工程实例中架空线路的相关参数与模拟脉动风场代入式(3-72)进行计算,采用 Newmark-β 方法,时间步长取 0.01 s,计算得到"三档"架空线路中各串绝缘子串与各档导线的动态风偏位移时程,选取绝缘子串下端顺风向位移与各档导线最大弧垂位置处顺风向位移为对象进行风偏响应时程曲线绘制,如图 3-13 所示。

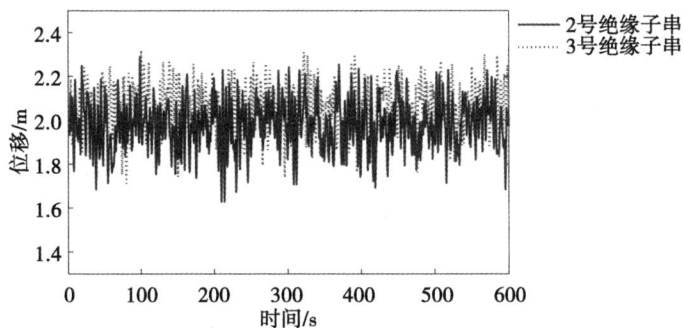

(a)绝缘子串下端顺风向位移时程

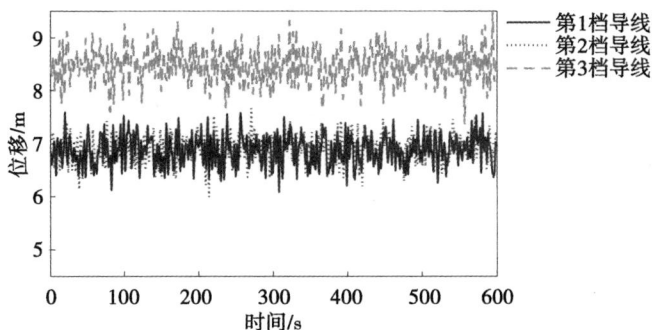

(b)导线最大弧垂处顺风向位移时程

图 3-13 架空线路动态风偏响应时程曲线

从图 3-13 中可以看到,在脉动风载荷作用下,绝缘子串与导线围绕静态风偏位置发生往复位移响应,其中,2 号绝缘子串的平均风偏位移为 1.97 m,小于 3 号绝缘子串的平均风偏位移 2.06 m,这是由于 2 号绝缘子串对应的导线垂直档距与水平档距的比值(简称"垂平比")大于 3 号绝缘子串对应的导线垂平比,而 2 号绝缘子串的最大风偏位移为 2.33 m,与 3 号绝缘子串的最大风偏位移 2.35 m 接近。第 1 档与第 2 档导线最大弧垂位置处的平均风偏位移、最大风偏位移均较为接近,其值分别为 6.86, 7.61 m 与 6.91, 7.63 m,第 3 档导线弧垂最大,其顺风向位移也最远,平均风偏位移与最大风偏位移分别为 8.46 m 与 9.42 m。

3.4.3 多刚体模型与通用软件有限元模型的对比分析

运用有限元分析方法计算工程实例中架空线路的动态风偏响应,并将计算结果与多刚体动力学模型进行比较。以 ANSYS 12.0 为运行平台建立有限元模型,其中,输电导线采用仅受拉的 link10 单元模拟,每档导线划分为 200 个单元,悬垂绝缘子串采用 link8 单元模拟,每串绝缘子串划分为 16 个单元,整段模型共有 1887 个自由度。设置导线最低点轴力为 28 kN,通过循环迭代法对架空线路有限元模型进行找型,找型结束后在模型节点上施加重力载荷与平均风载荷,激活大变形与应力刚化选项,计算得到架空线路的静态风偏位置,再以该位置架空线路的构型为初始条件,施加脉动风场,运用线性动力学方法进行计算,从而得到架空线路的动态风偏位移响应。有限元模型施加脉动风场示意图如图 3-14 所示。

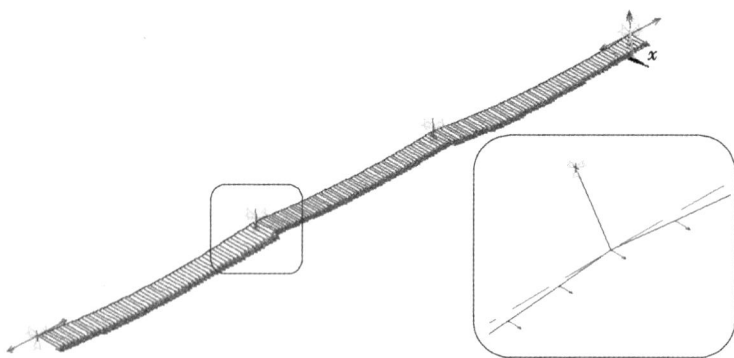

图 3-14 有限元模型施加脉动风场示意图

将多刚体模型与有限元模型计算得到的架空线路各串绝缘子串下端与各档导线最大弧垂位置处的风偏位移结果汇总至表 3-5 中,并以 2 号绝缘子串下端、第 2 档导线最大弧垂位置处的顺风向位移为例,绘制两种模型的风偏响应时程曲线,如图 3-15 所示。

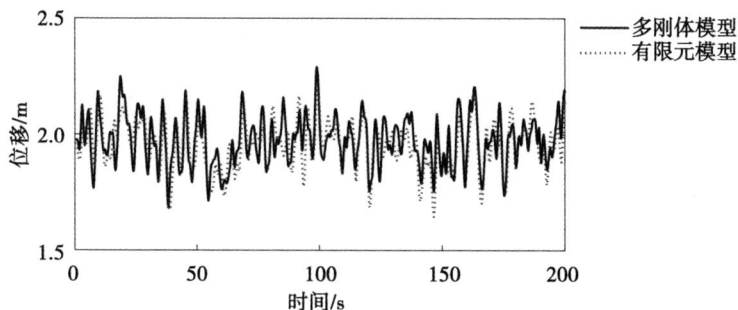

（a）2 号绝缘子串顺风向位移时程

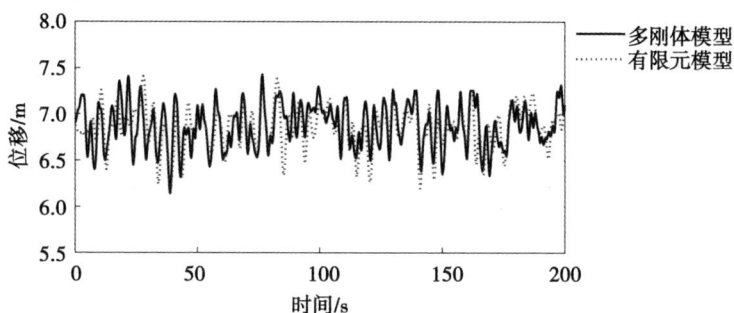

（b）第 2 档导线顺风向位移时程

图 3-15　多刚体模型与有限元模型风偏响应时程曲线比较

表 3-5　多刚体模型与有限元模型风偏位移结果比较

名称	风偏响应均值/m			风偏响应标准差/m		
	有限元模型	多刚体模型	差异率	有限元模型	多刚体模型	差异率
2 号绝缘子串	1.961	1.973	0.61%	0.108	0.113	4.42%
3 号绝缘子串	2.046	2.058	0.58%	0.101	0.105	3.81%
第 1 档导线	6.792	6.859	0.98%	0.246	0.257	4.29%
第 2 档导线	6.851	6.906	0.80%	0.235	0.245	4.08%
第 3 档导线	8.379	8.457	0.92%	0.303	0.318	4.72%

　　由图 3-15 和表 3-5 可见，多刚体模型与有限元模型计算得到的架空线路绝缘子串、导线风偏位移时程曲线吻合度较好，两种模型得到的风偏响应均值、标准差接近，差异率满足工程使用需求，再次验证了架空线路风偏多刚体动力学计算模型的准确性。

　　架空线路风偏有限元模型具有分析全面、计算准确等优点，但其也存在计算效率低、解算时间长等不足。为说明多刚体模型在计算效率方面优于有限元模型，以工程实例架空线路为例，对比分析两种模型的运算时间，其中，测试所用计算机的硬件配置 CPU 为 Core i5-8250U，RAM 为 8 GB，建模软件平台分别为 MATLAB2011a 和 ANSYS12.0，运行结果显示，多刚体模型运算用时为 56.8 s，有限元模型运算用时为 673.6 s。进一步验证测试，选择不同档数的架空线路为研究对象，施加 600 s 脉动风速时程进行计算，将两种模型计算不同档数的架空线路风偏运动所用时间进行归纳比较，如图 3-16 所示。

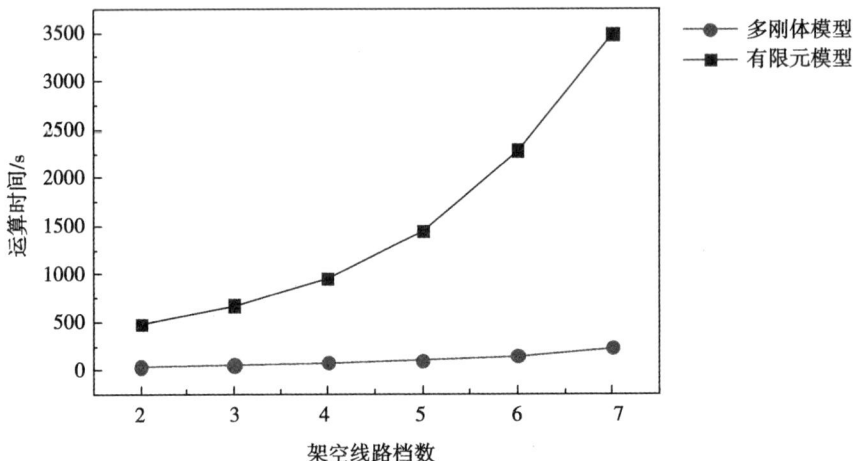

图 3-16　多刚体模型与有限元模型运算时间比较

由图 3-16 可见，当架空线路的档数较少时，两种模型求解运算时间相近，随着架空线路档数增加，多刚体模型运算时间略微增加，而有限元模型运算时间增幅明显，多刚体模型的运算用时远低于有限元模型，从而验证了架空线路风偏多刚体动力学计算模型的高效性。

◆◇ 3.5　本章小结

为准确高效地计算架空线路动态风偏位移响应，本章采用刚体力学模型模拟输电导线、悬垂绝缘子串等架空线路关键部位的风偏运动，通过来流风与架空线路的相对运动确定外部激励与气动阻尼，运用分析力学方法对连续档架空线路建立风偏模型，并通过风洞试验与工程实例进行分析验证，证明了多刚体模型计算架空线路动态风偏位移响应的准确性与高效性。

◆ 参考文献

[1] 黄金领,陈刚.500 kV 线路绝缘子串风偏跳闸故障分析及对策[J].广西电力,2016,39(6):57-60.

[2] 黄金领,林均发,韦佩才,等.500 kV 线路交叉跨越风偏故障原因分析[J].广西电力,2019,42(1):36-40.

[3] 孟遂民,孔伟,唐波.架空输电线路设计[M].2 版.北京:中国电力出版社,2015.

[4] WANG D H,CHEN X Z,LI J.Prediction of wind-induced buffeting response of overhead conductor:comparison of linear and nonlinear analysis approaches[J].Journal of wind engineering and industrial aerodynamics,2017,167:23-40.

[5] 国家电力公司东北电力设计院.电力工程高压送电线路设计手册[M].2 版.北京:中国电力出版社,2003.

[6] STENGEL D, THIELE K, CLOBES M, et al. Aerodynamic damping of non-linear movement of conductor cables in laminar and turbulent wind flow[C]. 14th International Conference on Wind Engineering. Porto Alegre. Nein, 2015:1-9.

[7] STENGEL D,THIELE K,CLOBES M,et al.Aerodynamic damping of nonlinear movement of conductor cables in wind tunnel tests,numerical simulations and full scale measurements[J].Journal of wind engineering and industrial aerodynamics,2017,169:47-53.

[8] GATTULLI V,MARTINELLI L,PEROTTI F,et al.Dynamics of suspended cables under turbulence loading:reduced models of wind field and mechanical system[J].Journal of wind engineering and industrial aerodynamics,2007,95(3):183-207.

[9] 郭应龙,李国兴,尤传永.输电线路舞动[M].北京:中国电力出版社,2003.

[10] 闵绚,邵瑰玮,刘云正,等.线路布置方式对悬垂绝缘子串摇摆角计算的影响[J].中国电力,2013,46(1):69-74.

［11］ 楼文娟,罗罡,杨晓辉,等.输电线路动态风偏响应特性及频域计算方法
［J］.高电压技术,2017,43(5):1493-1499.

［12］ 楼文娟,吴登国,苏杰,等.超高压输电线路风偏闪络及导线风荷载取值讨
论［J］.高电压技术,2019,45(4):1249-1255.

［13］ 刘小会,严波,林雪松,等.500 kV 超高压输电线路风偏数值模拟研究［J］.
工程力学,2009,26(1):244-249.

［14］ HUNG P V,YAMAGUCHI H,ISOZAKI M,et al.Large amplitude vibrations of
long-span transmission lines with bundled conductors in gusty wind［J］.Jour-
nal of wind engineering and industrial aerodynamics,2014,126:48-59.

［15］ 刘孟龙,吕洪坤,罗坤,等.真实山地地形条件下输电塔线体系风致响应数
值模拟［J］.振动与冲击,2020,39(24):232-239.

［16］ FU X,LI H N,LI G,et al.Failure analysis of a transmission line considering
the joint probability distribution of wind speed and rain intensity［J］.Engi-
neering structures,2021,233:111913.

［17］ ZHOU A Q,LIU X J,ZHANG S X,et al.Wind tunnel test of the influence of
an interphase spacer on the galloping control of iced eight-bundled conductors
［J］.Cold regions science and technology,2018,155:354-366.

［18］ CUI F,LIU X,ZHANG S,et al.The impact of interphase spacers on galloping
control of three-phase iced eight-bundled transmission lines:an experimental
study［J］.IEEE transactions on power delivery,2021,36(1):371-382.

［19］ BRAND L.The Pi theorem of dimensional analysis［J］.Archive for rational
mechanics and analysis,1957,1(1):35-45.

［20］ BRIDGMAN P W.Dimensional analysis［M］.New Haven:Yale University
Press,1922.

［21］ 苏耀西,林超强,洪流.三维收缩段设计问题［J］.航空学报,1992,13(2):
7-13.

［22］ REHMAN S UR,TU S,HUANG Y,et al.CSFL:a novel unsupervised convolu-
tion neural network approach for visual pattern classification［J］.AI communi-
cations,2017,30(4):1-14.

［23］ TU S,REHMAN S U,WAQAS M,et al.ModPSO-CNN:an evolutionary convo-
lution neural network with application to visual recognition［J］.Soft comput,

2021,25(3):1-12.

[24]　秦力,袁俊健,李兴元.基于 AR 法的输电塔线体系风速时程模拟[J].水电能源科学,2011,29(2):169-171.

第4章 风致偏摆快速计算的多刚体等效模型

◆◇ 4.1 引 言

国网公司相关统计资料显示[1]，悬垂绝缘子串风偏引起的下端带电导体对铁塔闪络放电是国网公司所属 110 kV 及以上架空线路发生风偏跳闸事故的主要原因，其占所有风偏故障的 86.07%，远高于位于事故原因第二位的输电导线风偏对周边障碍物闪络放电(占所有风偏故障的 12.30%)。因此，在架空线路风偏防治设计与运行维护过程中，准确、快速地计算悬垂绝缘子串动态风偏位移响应是工程设计人员的首要工作。

第 3 章建立的架空线路风偏多刚体动力学模型可以准确计算悬垂绝缘子串的动态风偏位移响应，运算效率优于有限元模型，但其也包含并计算了输电导线各部位的动态风偏位移响应。为进一步节省计算资源，提高计算效率，本章在架空线路风偏多刚体动力学模型的基础上，以绝缘子串风偏位移响应为重点计算对象，研究建立连续档架空线路悬垂绝缘子串动态风偏响应快速计算的等效模型。

本章首先根据导线线长与悬点间距十分接近的实际情况，将输电导线所受载荷作用于悬点间距连杆上，保持架空线路几何结构与绝缘子串受载不变，不计算导线风偏位移，建立绝缘子串风偏响应计算的几何等效模型；其次根据输电导线风偏摆动固有频率不变原则，推导得到导线等效刚杆，保持输电导线受载与基本固有频率不变，简化导线风偏位移计算，建立绝缘子串风偏响应计算的固有频率等效模型；最后通过改变档距、高差、运行张力等架空线路结构参数，分析两种等效模型的适用范围。研究结果不仅为架空线路风偏防治与运行维护提供了便捷有效的绝缘子串动态风偏位移计算方法，而且为后续研究绝缘子串动态风偏响应特性提供了模型支持。

◆◇ 4.2　分析几何尺寸的等效力学模型

4.2.1　几何等效模型的提出与建立

在架空线路设计和实际架线时，一档导线的最大弧垂 f_{imax} 通常控制在档距 L_i 的 5% 以内，尽管实际工程中某些导线的弧垂长度有数米甚至数十米，但其垂跨比 f_{imax}/L_i 依然远远小于 $1/8^{[2]}$，因而架空线路输电导线的几何构型属于浅悬链线型，以 3.5.1 工程实例中的架空线路为例进行说明，其各档导线的线长、悬点间距、垂跨比等几何结构参数如表 4-1 所示。

表 4-1　工程实例中架空线路各档导线的几何结构参数

名称	档距/m	最大弧垂 /m	垂跨比	线长/m	悬点间距 /m	差异率
第 1 档导线	310	8.74	1/35	310.68	310.03	−0.21%
第 2 档导线	280	7.13	1/39	280.48	280	−0.17%
第 3 档导线	350	11.14	1/31	350.95	350.01	−0.27%

由表 4-1 可见，随着档距的增加，导线的最大弧垂也逐渐增大，工程实例中架空线路第 3 档导线的最大弧垂已超过 10 m，但其垂跨比为 1/31，仍远远小于 1/8，符合浅悬链线标准，因而可以近似地认为一档导线的线长等于其悬点间距长，表 4-1 中线长与悬点间距的差异率微小也证实了这一点，故采用悬点间距连杆代替导线可以满足架空线路的几何结构要求。

在架空线路风偏多刚体动力学计算模型中，悬垂绝缘子串风偏运动一方面受到自身所受载荷的影响，另一方面主要承受悬点间距无质量连杆"传递"而来的两侧导线模型中悬垂刚杆所受载荷的作用。因此，在计算悬垂绝缘子串动态风偏位移响应时，保持架空线路几何结构与悬垂绝缘子串自身受载不变，将悬垂刚杆的质量与所受风载荷直接作用于悬点间距连杆的对应位置上，不计算悬垂刚杆的风偏运动，进而建立绝缘子串风偏响应计算的几何等效模型（如图 4-1 所示），可以达到进一步节省计算资源，提高计算效率的目的。

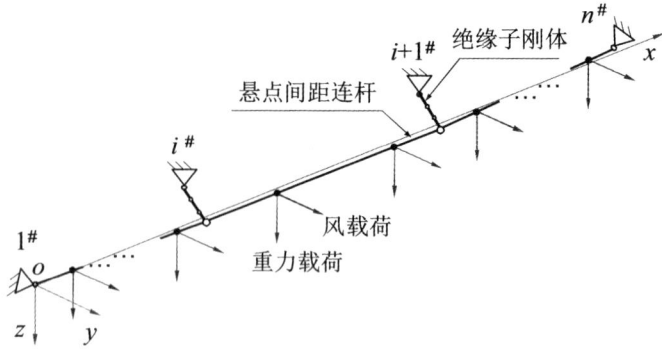

图 4-1　几何等效模型示意图

几何等效模型中架空线路的平均风偏角、绝缘子串风偏运动的位移速度和所受相对风载荷、悬点间距连杆两端的位移速度等参数均与多刚体模型一致，由于不再计算悬垂刚杆的风偏运动，故此时导线模型受到的 y, z 方向上的相对风载荷

$$F_{ui}^{y}(k) = \psi \frac{L_i}{n_i} \bar{V}_i^2 + 2\psi \frac{L_i}{n_i} \bar{V}_i V_i^*(k) - 2\psi \frac{L_i}{n_i} \bar{V}_i \dot{v}_i^u(k) \tag{4-1}$$

$$F_{ui}^{z}(k) = -\psi \frac{L_i}{n_i} \bar{V}_i \dot{w}_i^u(k) \tag{4-2}$$

式中，$\dot{v}_i^u(k)$ 与 $\dot{w}_i^u(k)$ 分别表示悬点间距连杆上第 k 个悬垂刚杆挂点位置在全局坐标系中沿 y, z 方向的速度，其表达式为

$$\dot{v}_i^u(k) = \frac{x_i^c(k)}{L_i} l_l \sum_{r=1}^{n_{li+1}} \{ \dot{\theta}_{i+1}^*(r) \cdot \cos[\bar{\theta}_{i+1}(r) + \theta_{i+1}^*(r)] \} +$$

$$\frac{L_i - x_i^c(k)}{L_i} l_l \sum_{r=1}^{n_{li}} \{ \dot{\theta}_i^*(r) \cdot \cos[\bar{\theta}_i(r) + \theta_i^*(r)] \} \tag{4-3}$$

$$\dot{w}_i^u(k) = -\frac{x_i^c(k)}{L_i} l_l \sum_{r=1}^{n_{li+1}} \{ \dot{\theta}_{i+1}^*(r) \cdot \sin[\bar{\theta}_{i+1}(r) + \theta_{i+1}^*(r)] \} -$$

$$\frac{L_i - x_i^c(k)}{L_i} l_l \sum_{r=1}^{n_{li}} \{ \dot{\theta}_i^*(r) \cdot \sin[\bar{\theta}_i(r) + \theta_i^*(r)] \} \tag{4-4}$$

通过分析力学方法，建立几何等效模型的矩阵表达式。以静态风偏位置为势能原点，第 i 串绝缘子串中第 j 片绝缘子的势能、动能分别由式（3-48）与式（3-50）给出，一档导线模型的势能、动能可根据悬点间距连杆的风偏运动位

移、速度与受载计算得到，其表达式分别为

$$U_i^u = \sum_{k=1}^{n_i} \left[-w_i^u(k) \cdot \frac{mgL_i}{n_i} - v_i^u(k) \cdot \frac{\psi \overline{V}_i^2 L_i}{n_i} \right] \tag{4-5}$$

$$T_i^u = \sum_{k=1}^{n_i} \frac{mL_i}{2n_i} \left\{ [\dot{v}_i^u(k)]^2 + [\dot{w}_i^u(k)]^2 \right\} \tag{4-6}$$

当第 j 片绝缘子的脉动风偏角 $\theta_i^*(j)$ 有角度虚位移 $\delta\theta_i^*(j)$ 时，第 i 串绝缘子串的虚功由式(3-64)得到，第 $i-1$ 档与第 i 档导线模型的虚功分别为

$$\delta W_{i-1}^u \big|_\theta = \frac{\psi L_{i-1} \overline{V}_{i-1}}{n_{i-1}} \sum_{k=1}^{n_{i-1}} \left\{ 2\left[V_{i-1}^*(k) - \dot{v}_{i-1}^u(k) \right] \cdot \delta v_{i-1}^*(k) \big|_\theta - \dot{w}_{i-1}^u(k) \cdot \delta w_{i-1}^*(k) \big|_\theta \right\} \tag{4-7}$$

$$\delta W_i^u \big|_\theta = \frac{\psi L_i \overline{V}_i}{n_i} \sum_{k=1}^{n_i} \left\{ 2\left[V_i^*(k) - \dot{v}_i^u(k) \right] \cdot \delta v_i^*(k) \big|_\theta - \dot{w}_i^u(k) \cdot \delta w_i^*(k) \big|_\theta \right\} \tag{4-8}$$

则第 j 片绝缘子受到的广义非有势力为

$$Q_{li}^u(j) \big|_\theta = \frac{\delta W_{li} \big|_\theta + \delta W_{i-1}^u \big|_\theta + \delta W_i^u \big|_\theta}{\delta\theta_i^*(j)} \tag{4-9}$$

选取第 i 串绝缘子串中第 j 片绝缘子的脉动风偏角 $\theta_i^*(j)$ 为系统的广义坐标，将绝缘子串与导线模型的动能、势能、广义非有势力代入拉格朗日方程，经过整理可以列出绝缘子串风偏响应计算的几何等效模型矩阵表达式为

$$[\boldsymbol{M}_i^u]\{\ddot{\boldsymbol{x}}^u\} + [\boldsymbol{C}_i^u]\{\dot{\boldsymbol{x}}^u\} + [\boldsymbol{K}_i^u]\{\boldsymbol{x}^u\} = \{\boldsymbol{F}_i^u\} \tag{4-10}$$

式中，

$$[\boldsymbol{M}_i^u] = \begin{bmatrix} \boldsymbol{\Lambda}_{i-1}^m & \boldsymbol{I}_i^m & \\ \boldsymbol{H}_{i-1}^m & \boldsymbol{\Lambda}_i^m & \boldsymbol{I}_{i+1}^m \\ & \boldsymbol{H}_i^m & \boldsymbol{\Lambda}_{i+1}^m \end{bmatrix}, \quad [\boldsymbol{C}_i^u] = \begin{bmatrix} \boldsymbol{\Lambda}_{i-1}^c & \boldsymbol{I}_i^c & \\ \boldsymbol{H}_{i-1}^c & \boldsymbol{\Lambda}_i^c & \boldsymbol{I}_{i+1}^c \\ & \boldsymbol{H}_i^c & \boldsymbol{\Lambda}_{i+1}^c \end{bmatrix} \tag{4-11}$$

$$[\boldsymbol{K}_i^u] = \begin{bmatrix} \boldsymbol{B}_{i-1}^k & & \\ & \boldsymbol{B}_i^k & \\ & & \boldsymbol{B}_{i+1}^k \end{bmatrix} \tag{4-12}$$

$$\{\boldsymbol{x}^u\} = [\boldsymbol{\theta}_{i-1}^* \quad \boldsymbol{\theta}_i^* \quad \boldsymbol{\theta}_{i+1}^*]^\mathrm{T}, \quad \{\boldsymbol{F}_i^u\} = [\boldsymbol{F}_{i-1}^w \quad \boldsymbol{F}_i^w \quad \boldsymbol{F}_{i+1}^w]^\mathrm{T} \tag{4-13}$$

式(4-10)表述了连续档架空线路中第 i 串悬垂绝缘子串以静态风偏位置为平衡位置的动态风偏位移响应，其计算边界条件同多刚体模型一致，有 $\boldsymbol{\theta}_1^* =$

$\boldsymbol{\theta}_n^* = \mathbf{0}$。式(4-11)至式(4-13)中的粗斜体项表示矩阵,其各个元素的表达式详见附录Ⅰ与附录Ⅱ。

4.2.2 几何等效模型与多刚体模型的对比分析

运用几何等效模型计算 3.5.1 工程实例中架空线路悬垂绝缘子串的动态风偏响应,将计算得到的 2 号、3 号绝缘子串下端顺风向位移结果汇总表 4-2 中,并与多刚体模型计算结果进行对比,再以 2 号绝缘子串的风偏响应为例,绘制并比较两种模型的风偏位移时程曲线(如图 4-2 所示)与不同时刻绝缘子串的风偏位置(如图 4-3 所示)。

表 4-2　几何等效模型与多刚体模型风偏响应结果比较

名称	风偏响应标准差/m			风偏响应最大值/m		
	几何等效模型	多刚体模型	差异率	几何等效模型	多刚体模型	差异率
2 号绝缘子串	0.111	0.113	1.77%	2.286	2.291	0.25%
3 号绝缘子串	0.103	0.105	1.91%	2.334	2.342	0.34%

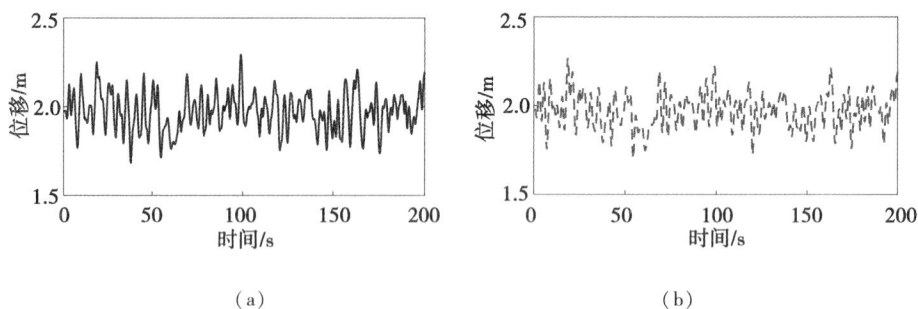

（a）　　　　　　　　　　　（b）

图 4-2　几何等效模型与多刚体模型风偏位移时程曲线比较

由于几何等效模型与多刚体模型的风偏均值计算方式一致,因此表 4-2 中不再显示风偏均值对比项。从图 4-2 与表 4-2 中可以看到,在相同脉动风场作用下,几何等效模型与多刚体模型计算得到的架空线路绝缘子串下端风偏位移时程曲线幅值的吻合程度较好,两种模型的风偏响应标准差与最大值均十分接近;从图 4-3 中可以看到,几何等效模型可以有效呈现悬垂绝缘子串中各个绝缘子的风偏位置(图中三角形或圆形标识表示每个绝缘子的位置),且不同时刻绝缘子串的风偏摆动位置与多刚体模型相近。由此说明,输电导线作为浅悬链线,其风偏摆动对绝缘子串的风偏位移幅值影响微弱,采用几何等效模型可以

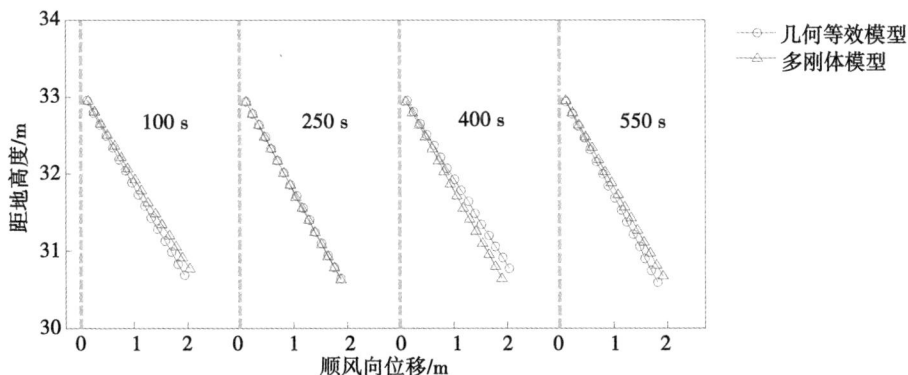

图 4-3　不同时刻的绝缘子串风偏位置示意图(几何等效)

准确计算架空线路悬垂绝缘子串的风偏位移响应幅值。

对几何等效模型与多刚体模型的计算结果进行频谱分析,绘制 2 号、3 号绝缘子串风偏响应的频谱图,并对其进行归一化处理,如图 4-4 所示。由图 4-4 可见,绝缘子串风偏响应频谱主要出现了两块峰值明显的区域,其中较低频率峰值所在区域由脉动风确定,较高频率峰值所在区域由风偏系统的固有频率确定,其具体分析将在第 5 章中详述;几何等效模型的较低频率峰值区域与多刚体模型的较低频率峰值区域覆盖良好,而较高频率峰值区域位于多刚体模型较高频率峰值区域的右侧,说明几何等效模型的风偏摆动固有频率高于多刚体模型,不考虑输电导线的风偏摆动会影响模型自身的系统特性。

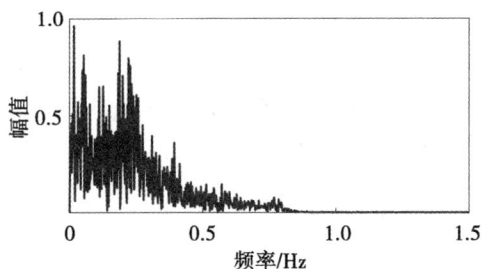

(a)2 号绝缘子串风偏响应频谱图(多刚体模型)

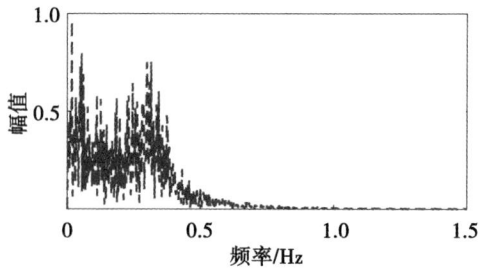

（b）2 号绝缘子串风偏响应频谱图（几何等效模型模型）

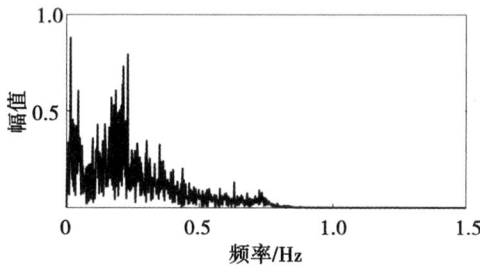

（c）3 号绝缘子串风偏响应频谱图（多刚体模型）

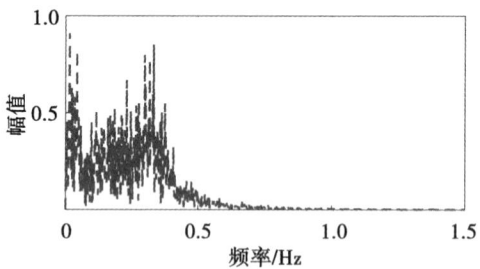

（d）3 号绝缘子串风偏响应频谱图（几何等效模型模型）

图 4-4　几何等效模型与多刚体模型的风偏响应频谱比较

　　对比几何等效模型与多刚体模型的计算效率，建模软件平台为 MAT-LAB2011a，运行结果显示，几何等效模型计算工程实例所用时间为 4.26 s，小于多刚体模型所用时间 56.8 s，进一步验证测试，选择不同档数的架空线路作为研究对象，施加 600 s 脉动风速时程进行计算，将两种模型计算不同档数的架空线路风偏响应所用时间进行归纳比较，如图 4-5 所示。

　　由图 4-5 可见，几何等效模型计算用时少于多刚体模型，且随着架空线路档数的增加，差距愈发明显，在计算"七档"架空线路时，多刚体模型用时

181.6 s，而几何等效模型仅用时 6.97 s，说明几何等效模型相较多刚体模型能够更加高效地计算架空线路悬垂绝缘子串的动态风偏响应。

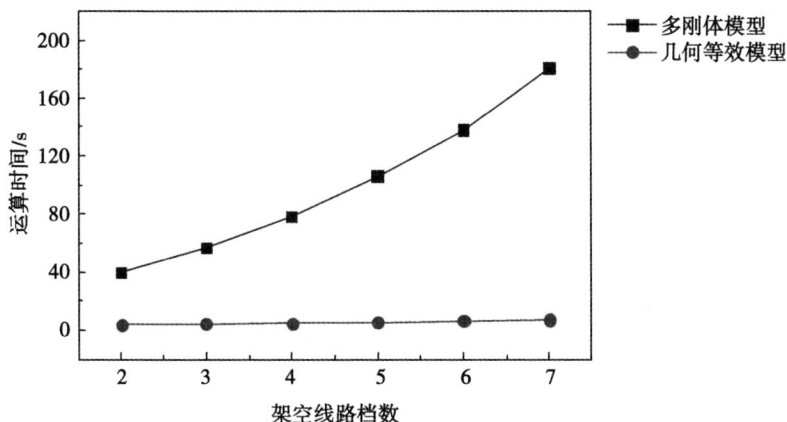

图 4-5　几何等效模型与多刚体模型运算时间比较

综合上述分析可知，几何等效模型可以准确、快速地计算架空线路悬垂绝缘子串的动态风偏响应幅值，但其固有频率与多刚体模型存在偏差，因此，为在保证计算正确和效率的同时能够准确展现悬垂绝缘子串风偏运动的系统特性，研究建立绝缘子串风偏响应计算的固有频率等效模型。

◆◇ 4.3　分析固有频率的等效力学模型

4.3.1　导线风偏运动的等效刚杆

在实际工程中，运行张力使输电导线成为张紧索，当发生风偏响应时，一档导线以其所在平面的整体摆动为主要运动，即在风偏响应过程中，可以近似地认为一档导线的各部分始终处于同一平面内。考虑到一般情况下架空线路的导线高差角较小，悬垂绝缘子串质量相较一档导线质量为微小量，则可以将一档导线的风偏运动近似地看作以该档导线两侧绝缘子串上端挂点平均高度所在位置为定轴的绕轴摆动，如图 4-6 所示。

此时导线类似于一个物理摆，其在风偏角均值 $\bar{\varphi}_i$ 处绕轴摆动的固有圆频率为

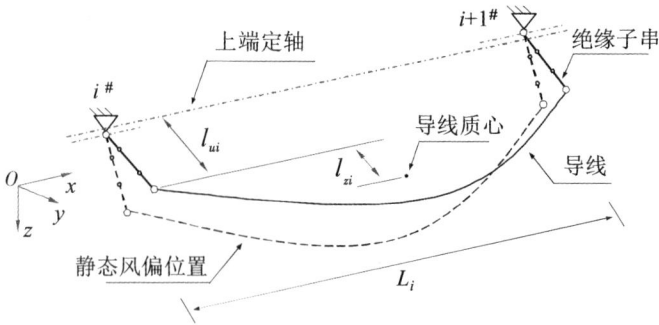

图 4-6　导线绕上端定轴摆动示意图

$$p_D = \sqrt{\frac{mgL_i(l_{zi}+l_{ui})}{J_D\cos\overline{\varphi}_i}} \tag{4-14}$$

式中，l_{zi} 为该档导线质心与导线左端挂点之间的距离；l_{ui} 为该档导线左端挂点与上端定轴之间的距离；J_D 为导线对上端定轴的转动惯量，其表达式可由导线斜抛物线方程与平行轴定理推导得到：

$$J_D = \int_0^{L_i} mz^2\sqrt{1+z'^2}\,\mathrm{d}x - mL_i l_{zi}^2 + mL_i(l_{zi}+l_{ui})^2 \tag{4-15}$$

展开式(4-15)，考虑到实际中 mg/σ_0 与 $\tan\beta_i$ 为小量，略去其 3 次幂及以上的高次幂，代入式(4-14)中，有

$$p_D = \sqrt{\frac{g(l_{zi}+l_{ui})}{\left(\dfrac{L_i^2\tan^2\beta_i}{3} - \dfrac{mgL_i^3\tan\beta_i}{12\sigma_0\cos\beta_i} + \dfrac{m^2g^2L_i^4}{120\sigma_0^2} + 2l_{ui}l_{zi}+l_{ui}^2\right)\cos\overline{\varphi}_i}} \tag{4-16}$$

由于输电导线围绕静态风偏位置往复摆动的固有频率不会改变，因此可在此基础上对输电导线进行动力学等效，将一档导线的整体风偏摆动通过一根等效刚杆的风偏运动表示。该导线等效刚杆两端与左右两侧绝缘子串下端通过虚拟连杆连接，距离分别记为 l_{li} 与 l_{ri}，如图 4-7 所示。

导线等效刚杆在风偏角均值 $\overline{\varphi}_i$ 处绕上端定轴的摆动类似于一个数学摆，其摆动的固有圆频率为

$$p_e = \sqrt{\frac{g}{(l_{li}+l_{ui})\cos\overline{\varphi}_i}} \tag{4-17}$$

根据输电导线风偏摆动固有频率不变原则，令 $p_e = p_D$，即可算得导线等效刚杆与左侧绝缘子串下端的距离

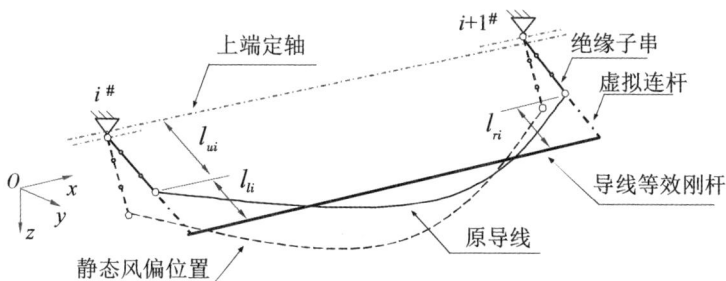

图 4-7　导线等效刚杆示意图

$$l_{li} = \left(\frac{L_i^2 \tan^2\beta_i}{3} - \frac{mgL_i^3 \tan\beta_i}{12\sigma_0 \cos\beta_i} + \frac{m^2 g^2 L_i^4}{120\sigma_0^2} + l_{ui} l_{zi} \right) / l_{zi} + l_{ui} \qquad (4-18)$$

同时可算得导线等效刚杆与右侧绝缘子串下端的距离

$$l_{ri} = l_{li} + L_i \tan\beta_i \qquad (4-19)$$

4.3.2　固有频率等效模型的建立

根据几何等效模型可知，悬垂刚杆的质量与所受风载荷通过悬点间距连杆作用于绝缘子串下端，能够有效考虑导线受载对绝缘子串的影响，从而准确计算悬垂绝缘子串的动态风偏响应幅值。由于导线等效刚杆长度与悬点间距连杆基本一致，其受载可通过虚拟连杆作用于绝缘子串下端，因此，保持悬垂绝缘子串自身受载不变，将悬垂刚杆的质量与所受风载荷作用于导线等效刚杆上，通过等效刚杆风偏运动简化导线风偏位移计算，进而建立绝缘子串风偏响应计算的固有频率等效模型(如图 4-8 所示)，可以满足绝缘子串在风偏受载与固有频率等效两方面的要求，亦可以达到节省计算资源，提高计算效率的目的。

固有频率等效模型中架空线路的平均风偏角、绝缘子串风偏运动的位移速度与所受相对风载荷均与多刚体模型一致，记第 i 串绝缘子串下端虚拟连杆的脉动风偏角为 φ_{ei}^*，则第 i 档导线等效刚杆左端在 y，z 方向上的位移为

$$v_{li}^* = l_I \sum_{r=1}^{n_{li}} \left\{ \sin\left[\overline{\theta}_i(r) + \theta_i^*(r) \right] - \sin\overline{\theta}_i(r) \right\} + l_{li} \cdot \left[\sin(\overline{\varphi}_i + \varphi_{ei}^*) - \sin\overline{\varphi}_i \right]$$

$$(4-20)$$

$$w_{li}^* = -l_I \sum_{r=1}^{n_{li}} \left\{ \cos\overline{\theta}_i(r) - \cos\left[\overline{\theta}_i(r) + \theta_i^*(r) \right] \right\} - l_{li} \cdot \left[\cos\overline{\varphi}_i - \cos(\overline{\varphi}_i + \varphi_{ei}^*) \right]$$

$$(4-21)$$

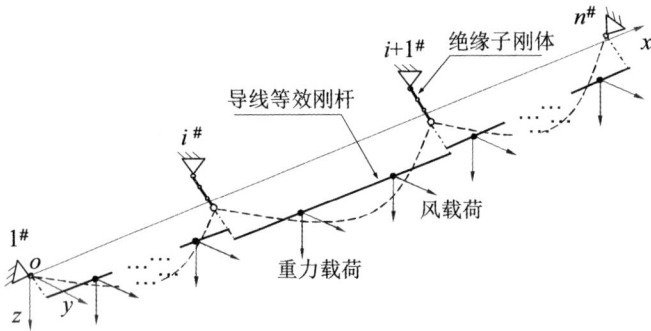

图 4-8 固有频率等效模型示意图

同理，第 i 档导线等效刚杆右端的位移为

$$v_{ri}^* = l_I \sum_{r=1}^{n_{Ii+1}} \left\{ \sin\left[\bar{\theta}_{i+1}(r)+\theta_{i+1}^*(r)\right] -\sin\bar{\theta}_{i+1}(r)\right\} +l_{ri} \cdot \left[\sin(\bar{\varphi}_i+\varphi_{ei+1}^*)-\sin\bar{\varphi}_i\right]$$

$$(4-22)$$

$$w_{ri}^* = -l_I \sum_{r=1}^{n_{Ii+1}} \left\{ \cos\bar{\theta}_{i+1}(r) -\cos\left[\bar{\theta}_{i+1}(r)+\theta_{i+1}^*(r)\right]\right\} -l_{ri} \cdot \left[\cos\bar{\varphi}_i-\cos(\bar{\varphi}_i+\varphi_{ei+1}^*)\right]$$

$$(4-23)$$

进而可算得导线等效刚杆上第 k 段部分的位移表达式：

$$v_{ei}^*(k) = \frac{x_i^c(k)}{L_i}v_{ri}^* +\frac{L_i-x_i^c(k)}{L_i}v_{li}^*$$

$$(4-24)$$

$$w_{ei}^*(k) = \frac{x_i^c(k)}{L_i}w_{ri}^* +\frac{L_i-x_i^c(k)}{L_i}w_{li}^*$$

$$(4-25)$$

其速度 $\dot{v}_{ei}^*(k)$，$\dot{w}_{ei}^*(k)$ 可以通过位移对时间求一阶导得到，这里就不再赘述。

此时，导线等效刚杆受到的 y，z 方向上的相对风载荷

$$F_{ei}^y(k) = \psi \frac{L_i}{n_i}\bar{V}_i^2 +2\psi \frac{L_i}{n_i}\bar{V}_i V_i^*(k) -2\psi \frac{L_i}{n_i}\bar{V}_i \dot{v}_{ei}^*(k)$$

$$(4-26)$$

$$F_{ei}^z(k) = -\psi \frac{L_i}{n_i}\bar{V}_i \dot{w}_{ei}^*(k)$$

$$(4-27)$$

运用分析力学方法，建立固有频率等效模型的矩阵表达式。以架空线路静态风偏位置为势能原点，第 i 串绝缘子串中第 j 片绝缘子的势能、动能表达式分别由式（3-48）与式（3-50）给出，第 i 档导线等效刚杆的势能、动能表达式分别

为

$$U_i^e = \sum_{k=1}^{n_i} \left[-w_{ei}^*(k) \cdot \frac{mgL_i}{n_i} - v_{ei}^*(k) \cdot \frac{\psi \overline{V}_i^2 L_i}{n_i} \right] \tag{4-28}$$

$$T_i^e = \sum_{k=1}^{n_i} \frac{mL_i}{2n_i} \{ [\dot{v}_{ei}^*(k)]^2 + [\dot{w}_{ei}^*(k)]^2 \} \tag{4-29}$$

当第 j 片绝缘子的脉动风偏角 $\theta_i^*(j)$ 有角度虚位移 $\delta\theta_i^*(j)$ 时，第 i 串绝缘子串的虚功由式(3-64)得到，第 $i-1$ 档与 i 档导线等效刚杆的虚功分别为

$$\delta W_{i-1}^e \big|_\theta = \frac{\psi L_{i-1} \overline{V}_{i-1}}{n_{i-1}} \sum_{k=1}^{n_{i-1}} \{ 2[V_{i-1}^*(k) - \dot{v}_{ei-1}^*(k)] \cdot \delta v_{i-1}^*(k) \big|_\theta - \dot{w}_{ei-1}^*(k) \cdot \delta w_{i-1}^*(k) \big|_\theta \} \tag{4-30}$$

$$\delta W_i^e \big|_\theta = \frac{\psi L_i \overline{V}_i}{n_i} \sum_{k=1}^{n_i} \{ 2[V_i^*(k) - \dot{v}_{ei}^*(k)] \cdot \delta v_i^*(k) \big|_\theta - \dot{w}_{ei}^*(k) \cdot \delta w_i^*(k) \big|_\theta \} \tag{4-31}$$

则第 j 片绝缘子受到的广义非有势力为

$$Q_{Ii}^e(j) \big|_\theta = \frac{\delta W_{Ii} \big|_\theta + \delta W_{i-1}^e \big|_\theta + \delta W_i^e \big|_\theta}{\delta\theta_i^*(j)} \tag{4-32}$$

当第 i 串绝缘子串下端虚拟连杆的脉动风偏角 φ_{ei}^* 有角度虚位移 $\delta\varphi_{ei}^*$ 时，第 $i-1$ 档导线等效刚杆在 y, z 方向上的虚位移为

$$\delta v_{i-1}^e(k) \big|_\varphi = \frac{x_{i-1}^c(k)}{L_{i-1}} l_{ri-1} \cdot \delta\varphi_{ei}^* \cdot \cos(\overline{\varphi}_{i-1} + \varphi_{ei}^*) \tag{4-33}$$

$$\delta w_{i-1}^e(k) \big|_\varphi = -\frac{x_{i-1}^c(k)}{L_{i-1}} l_{ri-1} \cdot \delta\varphi_{ei}^* \cdot \sin(\overline{\varphi}_{i-1} + \varphi_{ei}^*) \tag{4-34}$$

第 i 档导线等效刚杆在 y, z 方向上的虚位移为

$$\delta v_i^e(k) \big|_\varphi = \frac{L_i - x_i^c(k)}{L_i} \cdot l_{li} \cdot \delta\varphi_{ei}^* \cdot \cos(\overline{\varphi}_i + \varphi_{ei}^*) \tag{4-35}$$

$$\delta w_i^e(k) \big|_\varphi = -\frac{L_i - x_i^c(k)}{L_i} \cdot l_{li} \cdot \delta\varphi_{ei}^* \cdot \sin(\overline{\varphi}_i + \varphi_{ei}^*) \tag{4-36}$$

根据式(4-33)至(4-36)可得到对应虚位移 $\delta\varphi_{ei}^*$ 的第 $i-1$ 档与第 i 档导线等效刚杆的虚功：

$$\delta W_{i-1}^e \big|_\varphi = \frac{\psi L_{i-1} \overline{V}_{i-1}}{n_{i-1}} \sum_{k=1}^{n_{i-1}} \{ 2[V_{i-1}^*(k) - \dot{v}_{ei-1}^*(k)] \cdot \delta v_{i-1}^e(k) \big|_\varphi - \dot{w}_{ei-1}^*(k) \cdot \delta w_{i-1}^e(k) \big|_\varphi \}$$

$$(4-37)$$

$$\delta W_i^e \big|_\varphi = \frac{\psi L_i \overline{V}_i}{n_i} \sum_{k=1}^{n_i} \left\{ 2\left[V_i^*(k) - \dot{v}_{ei}^*(k) \right] \cdot \delta v_i^e(k) \big|_\varphi - \dot{w}_{ei}^*(k) \cdot \delta w_i^e(k) \big|_\varphi \right\}$$

$$(4-38)$$

等效刚杆风偏摆动所受的广义非有势力

$$Q_i^e \big|_\varphi = \frac{\delta W_{i-1}^e \big|_\varphi + \delta W_i^e \big|_\varphi}{\delta \varphi_{ei}^*} \qquad (4-39)$$

选取第 i 串绝缘子串的第 j 片绝缘子脉动风偏角 $\theta_i^*(j)$ 与下端虚拟连杆脉动风偏角 φ_{ei}^* 为系统的广义坐标,将绝缘子串与导线等效刚杆的动能、势能、广义非有势力代入拉格朗日方程,经过整理可以列出绝缘子串风偏响应计算的固有频率等效模型矩阵表达式为

$$[M_i^e]\{\ddot{x}^e\} + [C_i^e]\{\dot{x}^e\} + [K_i^e]\{x^e\} = \{F_i^e\} \qquad (4-40)$$

式中,

$$[M_i^e] = \begin{bmatrix} \Lambda_{i-1}^m & E_{i-1}^m & I_i^m & N_i^m & & \\ \Lambda_{\varphi i-1}^m & E_{\varphi i-1}^m & I_{\varphi i}^m & N_{\varphi i}^m & & \\ H_{i-1}^m & D_{i-1}^m & \Lambda_i^m & E_i^m & I_{i+1}^m & N_{i+1}^m \\ H_{\varphi i-1}^m & D_{\varphi i-1}^m & \Lambda_{\varphi i}^m & E_{\varphi i}^m & I_{\varphi i+1}^m & N_{\varphi i+1}^m \\ & & H_i^m & D_i^m & \Lambda_{i+1}^m & E_{i+1}^m \\ & & H_{\varphi i}^m & D_{\varphi i}^m & \Lambda_{\varphi i+1}^m & E_{\varphi i+1}^m \end{bmatrix} \qquad (4-41)$$

$$[C_i^e] = \begin{bmatrix} \Lambda_{i-1}^c & E_{i-1}^c & I_i^c & N_i^c & & \\ \Lambda_{\varphi i-1}^c & E_{\varphi i-1}^c & I_{\varphi i}^c & N_{\varphi i}^c & & \\ H_{i-1}^c & D_{i-1}^c & \Lambda_i^c & E_i^c & I_{i+1}^c & N_{i+1}^c \\ H_{\varphi i-1}^c & D_{\varphi i-1}^c & \Lambda_{\varphi i}^c & E_{\varphi i}^c & I_{\varphi i+1}^c & N_{\varphi i+1}^c \\ & & H_i^c & D_i^c & \Lambda_{i+1}^c & E_{i+1}^c \\ & & H_{\varphi i}^c & D_{\varphi i}^c & \Lambda_{\varphi i+1}^c & E_{\varphi i+1}^c \end{bmatrix} \qquad (4-42)$$

$$\left[\boldsymbol{K}_i^e\right] = \begin{bmatrix} \boldsymbol{\Lambda}_{ei-1}^k & & & & & \\ & \boldsymbol{\Lambda}_{\varphi i-1}^k & & & & \\ & & \boldsymbol{\Lambda}_{ei}^k & & & \\ & & & \boldsymbol{\Lambda}_{\varphi i}^k & & \\ & & & & \boldsymbol{\Lambda}_{ei+1}^k & \\ & & & & & \boldsymbol{\Lambda}_{\varphi i+1}^k \end{bmatrix} \tag{4-43}$$

$$\{\boldsymbol{x}^e\} = \begin{bmatrix} \boldsymbol{\theta}_{i-1}^* & \boldsymbol{\varphi}_{ei-1}^* & \boldsymbol{\theta}_i^* & \boldsymbol{\varphi}_{ei}^* & \boldsymbol{\theta}_{i+1}^* & \boldsymbol{\varphi}_{ei+1}^* \end{bmatrix}^{\mathrm{T}} \tag{4-44}$$

$$\{\boldsymbol{F}_i^e\} = \begin{bmatrix} \boldsymbol{F}_{i-1}^w & \boldsymbol{F}_{i-1}^e & \boldsymbol{F}_i^w & \boldsymbol{F}_i^e & \boldsymbol{F}_{i+1}^w & \boldsymbol{F}_{i+1}^e \end{bmatrix}^{\mathrm{T}} \tag{4-45}$$

式 (4-40) 表述了连续档架空线路中第 i 串悬垂绝缘子串与两侧导线等效刚杆的风偏耦合运动,计算了第 i 串悬垂绝缘子串以静态风偏位置为平衡位置的动态风偏位移响应,其边界条件为 $\boldsymbol{\theta}_1^* = \boldsymbol{\theta}_n^* = \boldsymbol{0}$, $\varphi_{e1}^* = \varphi_{en}^* = 0$。式 (4-41) 至式 (4-45) 中的粗斜体项表示矩阵,其各个元素的表达式详见附录 I 与附录 II。

4.3.3　模型的对比与分析

运用固有频率等效模型计算 2.5.1 工程实例中架空线路悬垂绝缘子串的动态风偏响应,并与多刚体模型进行比较。将计算得到 2 号、3 号绝缘子串下端顺风向位移结果汇总至表 4-3 中,再以 2 号绝缘子串的风偏响应为例,绘制两种模型的风偏位移时程曲线(如图 4-9 所示)与不同时刻绝缘子串的风偏位置(如图 4-10 所示)。

表 4-3　固有频率等效模型与多刚体模型风偏响应结果比较

名称	风偏响应标准差/m			风偏响应最大值/m		
	固有频率等效模型	多刚体模型	差异率	固有频率等效模型	多刚体模型	差异率
2 号绝缘子串	0.109	0.113	3.54%	2.279	2.291	0.52%
3 号绝缘子串	0.102	0.105	2.86%	2.331	2.342	0.47%

从表 4-3、图 4-9 与图 4-10 中可以看到,在相同脉动风场作用下,固有频率等效模型与多刚体模型计算得到的架空线路绝缘子串下端风偏位移时程曲线的幅值基本吻合,两种模型的风偏响应标准差、最大值的差异率均较小,且不同时刻的绝缘子串风偏摆动同步性好、位置相近。由此可见,通过导线等效刚

杆受载代替导线受载能够有效反映导线所受载荷对绝缘子串风偏位移幅值的影响，采用固有频率等效模型可以准确计算架空线路悬垂绝缘子串的风偏位移响应幅值。

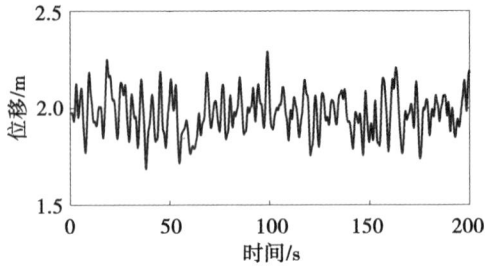

（a）多刚体模型

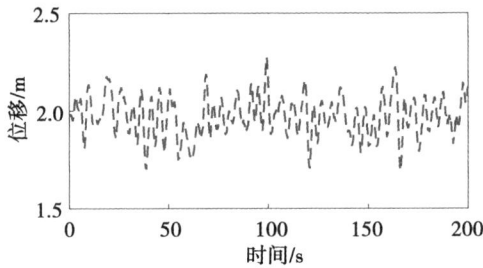

（b）固有频率等效模型

图 4-9　固有频率等效模型与多刚体模型风偏位移时程曲线比较

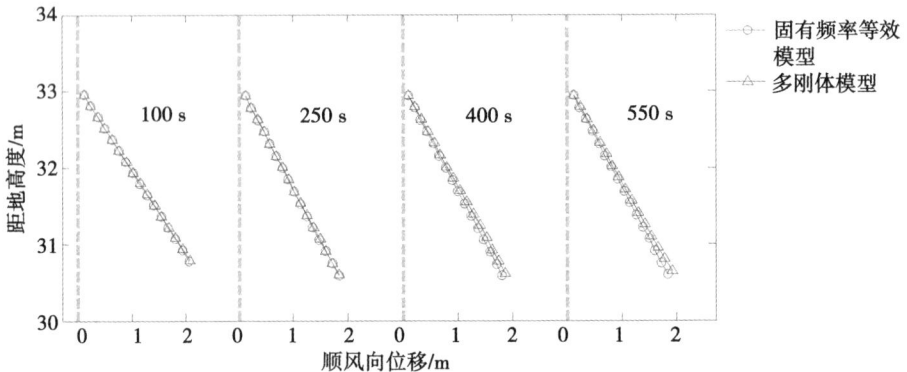

图 4-10　不同时刻的绝缘子串风偏位置示意图（固有频率等效）

对固有频率等效模型与多刚体模型的计算结果进行频谱分析，绘制 2 号、3 号绝缘子串风偏响应的频谱图，并对其进行归一化处理，如图 4-11 所示。

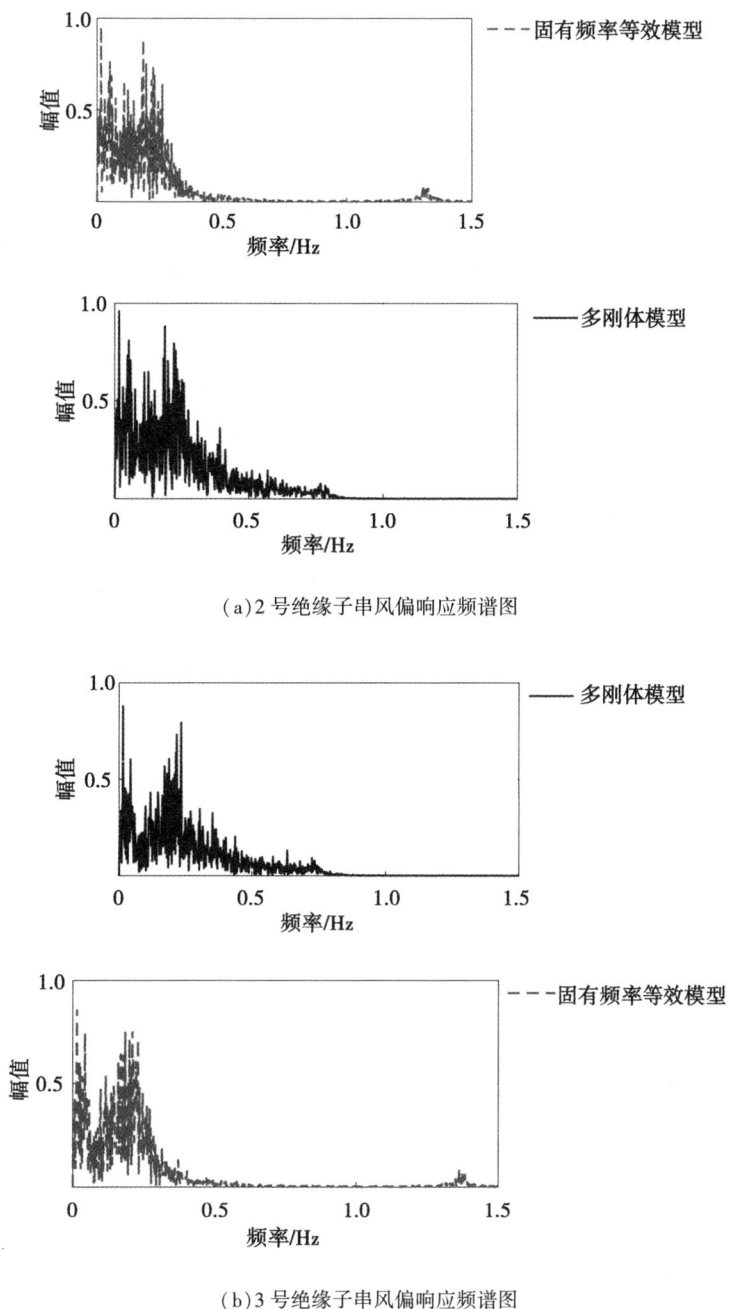

（a）2 号绝缘子串风偏响应频谱图

（b）3 号绝缘子串风偏响应频谱图

图 4-11　固有频率等效模型与多刚体模型的风偏响应频谱比较

由图 4-11 可见，固有频率等效模型的较低频率峰值区域与较高频率峰值区域均与多刚体模型覆盖良好，说明固有频率等效模型的风偏摆动频率与多刚体模型具有较好的一致性，能够准确地展现悬垂绝缘子串风偏运动的系统特性。

对比固有频率等效模型与几何等效模型、多刚体模型的计算效率，建模软件平台为 MATLAB2011a，运行结果显示，固有频率等效模型计算工程实例所用时间为 6.48 s，大于几何等效模型所用时间 4.26 s，小于多刚体模型所用时间 56.8 s。进一步验证测试，选择不同档数的架空线路作为研究对象，施加 600 s 脉动风速时程进行计算，将三种模型计算不同档数的架空线路风偏响应所用时间进行归纳比较，如图 4-12 所示。

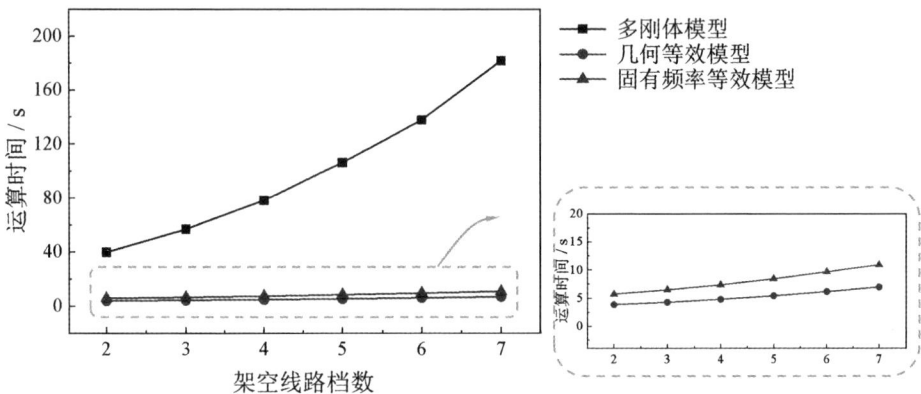

图 4-12　三种模型的运算时间比较

由图 4-12 可见，固有频率等效模型的计算用时会随着架空线路档数的增加而略微增加，虽然其所用时间略多于几何等效模型，但明显少于多刚体模型，说明采用固有频率等效模型能够达到快速计算架空线路悬垂绝缘子串动态风偏响应的目的。

◆ 4.4　两种等效模型的适用范围分析

建立完成绝缘子串风偏响应计算的两种等效模型之后，探讨其适用范围。以 3.5.1 工程实例架空线路为例，选取悬垂绝缘子串下端顺风向位移最大幅值为分析对象，逐一改变档距、高差、运行张力等架空线路结构参数，对比并分析几何等效模型与多刚体模型、固有频率等效模型与多刚体模型的计算结果差异率，进而研究两种等效模型的适用范围。

4.4.1　导线档距

将工程实例中架空线路的各档导线档距逐一改变，变化范围为 100～600 m，步长为 100 m，分别比较通过多刚体模型与几何等效模型、固有频率等效模型计算得到的 2 号、3 号悬垂绝缘子串下端顺风向位移最大幅值的差异率[分别简称为"2 号串(多–几) 差异率""3 号串(多–几) 差异率""2 号串(多–固) 差异率""3 号串(多–固) 差异率"]，归纳绘制导线档距变化下不同模型计算结果的差异率趋势图，如图 4–13 所示。

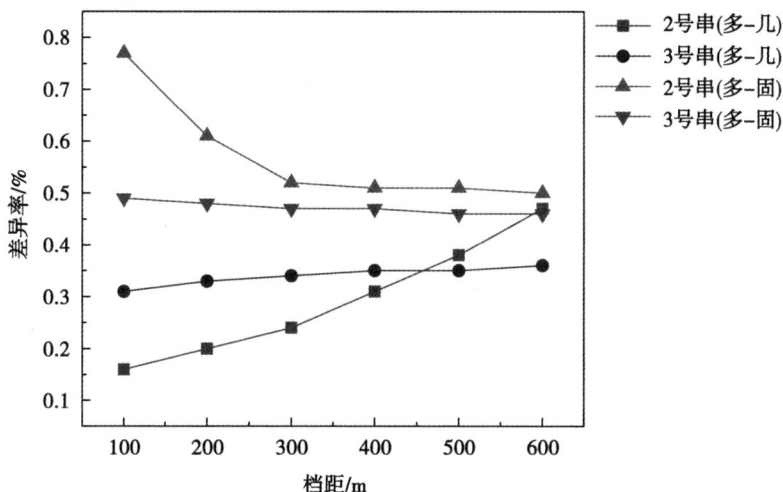

（a）左档导线档距变化

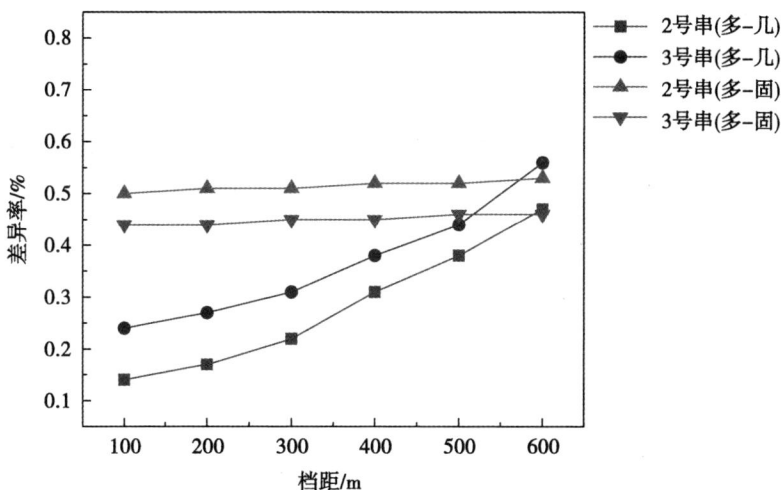

（b）中档导线档距变化

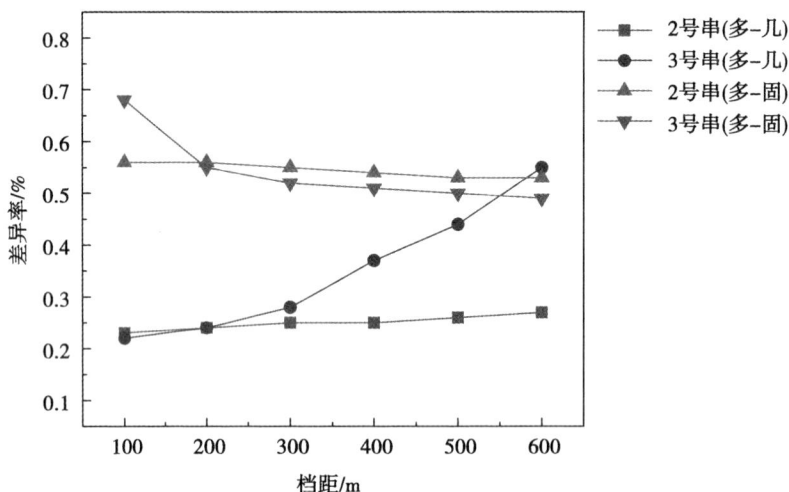

（c）右档导线档距变化

图4-13　不同模型计算结果差异率趋势图(档距变化)

由图4-13可见，对于多刚体模型与几何等效模型计算结果而言，左档导线档距增加使2号串差异率逐步升高、3号串差异率略微变化，中档导线档距增加使2号串、3号串的差异率均逐步升高，右档导线档距增加使3号串差异率逐步升高、2号串差异率略微变化。这说明档距变化对相邻绝缘子串幅值差异率影响明显，非相邻绝缘子串在相邻绝缘子串的影响下会出现幅值差异率微弱变化，导线档距增加会提高多刚体模型与几何等效模型的计算结果差异率，但其数值很小，依旧满足计算要求。对于多刚体模型与固有频率等效模型计算结果而言，左档导线档距增加使2号串差异率下降，中档导线档距增加对2号串、3号串的差异率基本没有影响，右档导线档距增加使3号串差异率下降。这说明导线档距对多-固模型差异率不是单一的影响因素，需要结合高差一起考虑：在有高差的情况下，导线档距增加会降低多刚体模型与固有频率等效模型的计算结果差异率；在没有高差的情况下，导线档距增加不会影响多刚体模型与固有频率等效模型的计算结果差异率。

综上所述，几何等效模型与固有频率等效模型可以在导线档距改变的情况下保持计算结果的准确性，导线档距不会限制两种等效模型的适用范围。

4.4.2　导线高差

通过逐一改变工程实例中架空线路的 1 号、2 号、4 号塔处导线悬挂点高度，进而改变各档导线的高差。选取高差变化范围为 0~30 m，步长为 5 m，分别比较多刚体模型与几何等效模型、固有频率等效模型计算得到的 2 号、3 号悬垂绝缘子串下端顺风向位移最大幅值的差异率，归纳绘制导线高差变化下不同模型计算结果的差异率趋势图，如图 4-14 所示。

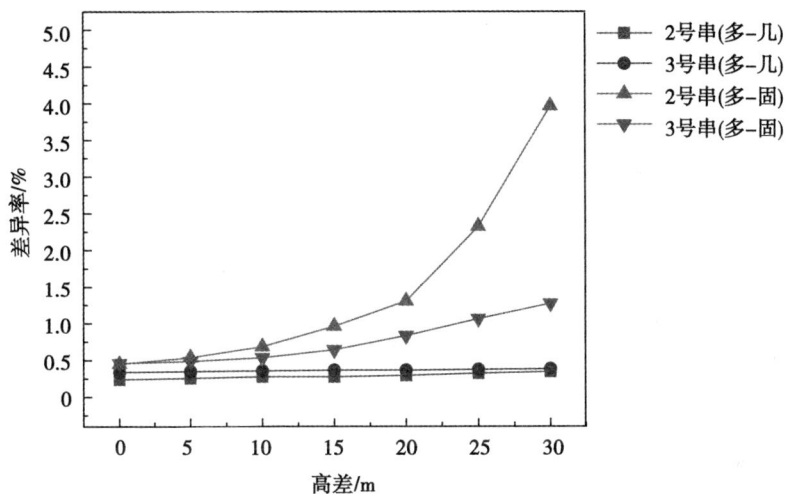

(a) 左档导线高差变化

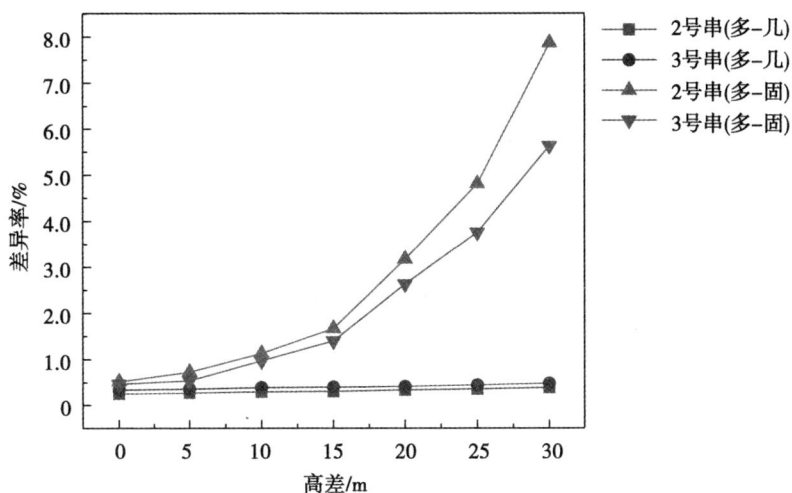

(b) 中档导线高差变化

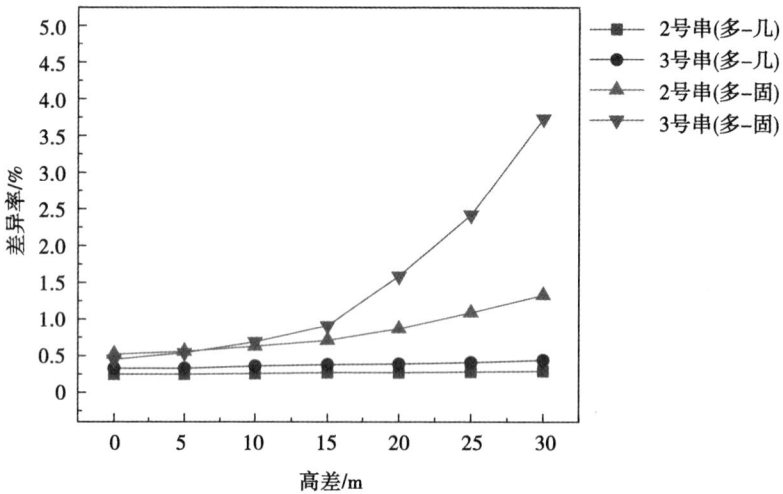

(c)右档导线高差变化

图 4-14　不同模型计算结果差异率趋势图(高差变化)

由图 4-14 可见,导线高差变化对多刚体模型与几何等效模型计算结果差异率影响微弱,而对多刚体模型与固有频率等效模型计算结果差异率影响显著。对于多刚体模型与固有频率等效模型计算结果而言,左、右档导线高差的增加使其相邻绝缘子串的幅值差异率明显升高,且斜率逐渐变大,非相邻绝缘子串幅值差异率在相邻绝缘子串的影响下也出现较为明显的升高;中档导线高差增加使 2 号、3 号绝缘子串幅值差异率急剧上升,这是由于中档导线高差变化并非一个独立的变量,在本例中,改变 2 号塔处导线挂点高度不仅会改变中档导线高差,还会改变左档导线高差,当高差为 30 m 时,2 号绝缘子串在左、中档导线高差的影响下,幅值差异率最大达到了 7.87%,3 号绝缘子串在 2 号绝缘子串与中档导线高差的影响下,幅值差异率最大达到了 5.63%,说明导线大高差会影响固有频率等效模型计算结果的准确性,且由直线型输电铁塔处导线悬挂点高度改变引起的导线高差变化会提高结果差异率。

综上所述,几何等效模型的适用范围不受导线高差限制,固有频率等效模型仅适用于导线小高差情况。

4.4.3　导线运行张力

改变工程实例中架空线路的导线运行张力,分别比较多刚体模型与几何等效模型、固有频率等效模型计算得到的 2 号、3 号悬垂绝缘子串下端顺风向位移最大幅值的差异率。根据工程设计规定,以导线额定拉断力的 1/4 与 1/6 为运行张力变化的上下限,即本例中运行张力的变化范围为 25.0~37.5 kN,归纳绘制导线运行张力变化下不同模型计算结果的差异率趋势图,如图 4-15 所示。

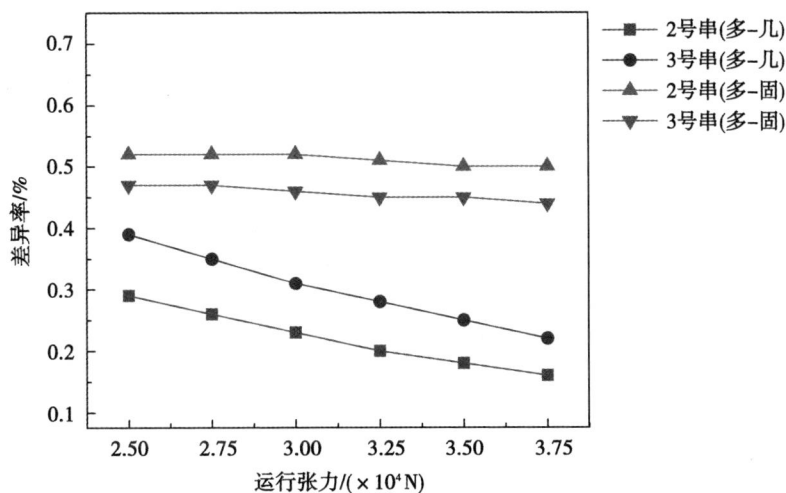

图 4-15　不同模型计算结果差异率趋势图(运行张力变化)

由图 4-15 可见,在工程设计规定的运行张力变化范围内,两种等效模型与多刚体模型的计算结果差异率均小于 1%,且随着导线运行张力的增加,2 号、3 号绝缘子串多-几模型差异率会逐渐缩小,多-固模型差异率会基本保持不变,说明导线运行张力变化不会影响固有频率等效模型的计算准确性,几何等效模型的计算准确性会随着导线运行张力的增加而进一步提升。

综上所述,几何等效模型与固有频率等效模型可以在导线运行张力变化的情况下保持计算结果的准确性,两种等效模型的适用范围不受导线运行张力限制。

◆◇ 4.5 本章小结

结合风偏跳闸事故发生的主要原因,本章在架空线路风偏多刚体动力学模型的基础上,以绝缘子串风偏位移响应为重点计算对象,研究并建立连续档架空线路悬垂绝缘子串动态风偏响应计算的等效模型,从而达到进一步节省计算资源、提高计算效率的目的,并通过改变架空线路结构参数对等效模型进行适用范围分析,得知几何等效模型的适用范围不受架空线路结构参数限制,且导线档距越小或运行张力越大,几何等效模型的计算准确性越高;固有频率等效模型仅适用于导线高差小的情况。

◆◇ 参考文献

[1]   李培栋,汪亚平,任妍,等.浅谈输电线路导线悬挂高度提高对风偏的影响[J].价值工程,2010,29(24):220.

[2]   陈晓娟,王孟,王璋奇,等.大跨越导线在局部激励下微风振动的格林函数解[J].振动工程学报,2019,32(5):822-829.

第5章 微地形风流场研究与绝缘子串风偏特性分析

◆ 5.1 引 言

随着电网的发展延伸，经过微地形区域的架空线路日益增多。微地形是相对于大地形而言的概念，它是大地形中一个局部的、狭小的范围，常见的微地形有垭口型、高山分水岭型、地形抬升型等，这种微地形特征可使气象因素发生骤变，它在大风形成等气象上反映得十分明显。在架空线路设计及运行中，由于对微地形的认识不足、调查研究及资料掌握不够，一部分架空线路经过风口、地形抬升型等微地形区域，引发了风偏闪络事故，因此，合理有效地建立微地形区域风流场模型，对线路安全运行具有十分重要的意义。

绝缘子串的动态风偏响应幅值由风偏均值与风偏摆动幅值共同确定，其动态响应特性主要通过风偏摆动幅值的变化规律来体现。现阶段分析绝缘子串动态风偏响应特性的方法主要是通过将不同的来流风速、风攻角与架空线路结构参数逐一代入有限元模型中进行计算，进而观察绝缘子串风偏幅值的变化趋势，该方法虽然能在一定程度上反映绝缘子串风偏幅值与设计参数之间的影响关系，但其选用的多为离散数值，不能深入了解绝缘子串动态风偏响应幅值与设计参数之间的内在联系，具有一定的局限性。

本章以计算流体动力学理论为基础，结合真实地形，合理建立微地形区域的风流场模型，并通过构建绝缘子串和输电导线耦合风偏运动的动力学方程，根据频率响应法与随机激励响应关系理论，以地形抬升型地貌为对象，分析了绝缘子串动态风偏响应特性，为设计人员直观地判断设计参数合理性、预防风偏事故发生提供了理论支持。

◆◇ 5.2 计算流体动力学理论基础

计算流体动力学(computational fluid dynamic，CFD)是一种利用计算机对流体流动、传热及相关传递现象求解的系统分析方法和工具。计算流体力学是由流体力学、数学及计算机科学交叉而成的一门全新的学科[1]。流体力学主要研究流体流动(流体动力学)或静止问题(流体静力学)，CFD 主要研究流体动力学部分，研究流体流动对包含热量传递以及燃烧流动中可能的化学反应等过程的影响。

5.2.1 计算域模型

进行流体仿真必然会涉及流体计算域的问题。流体计算域是指在流体计算过程中，参与积分计算的区域。换句话说，流体计算域是指流体能够到达的区域。计算域模型与所要计算的问题密切相关，对于相同的模型，若研究不同的问题，则计算域不同。

内流计算域通常用于内流场计算，计算域外边界一般为固体壁面。内流计算域的外壁面与实体的内边界相对应。而出口与入口的位置则需要计算人员确定，其位置的选定影响计算收敛性和正确性。通常将进出口边界位置选定在流场波动较小的区域。外流计算域通常用于计算外流场，其外部边界一般为人为确定的。这类计算域创建的难点在于合理选择外部边界。通常，在计算外流场时，要求尽量减轻外部边界对流场的影响。混合计算域，顾名思义，既包括内流计算域，又包括外流计算域。这种情况在工程中比较常见。

5.2.2 边界条件

确定了流体计算域，还需要对流体计算域的边界进行设置。ANSYS Fluent 软件有非常丰富的边界条件类型可供选择，边界条件的设置是 CFD 中非常重要的一部分。一般来说，边界条件可以分为：

(1)进口边界条件：速度入口、压力入口、质量入口、进风口、进气扇，压力、压力远场边界。

(2)出口边界条件：速度出口、压力出口、通风口、风扇。

(3)固壁边界条件：默认为无滑移光滑壁面，用户可以设置壁面滑移速度。

(4)对称面边界条件：法向速度为零，所有运输变量法向梯度皆为 0。

(5)内部表面边界条件：风扇、散热器、多孔跳跃。

(6)流体、固体(多空是一种流动区域类型)。

5.2.3　结构网格和非结构网格

在 ANSYS Fluent 中建立好模型以后需要对计算域进行网格划分。网格划分的质量将直接影响数值仿真的计算结果。计算网格按网格之间的邻接关系可分为结构网格、非结构网格和混合网格三种类型。

(1)结构网格：结构网格的网格点之间的邻接是有序而规则的，除边界点外，内部网格点都有相同的邻接网格数。结构网格的数据按照顺序存储，其单元是二维的四边形和三维的六面体，在拓扑奇点处可退化为二维的三角形和三维的四面体。结构网格同计算区域中的流动方向有很好的一致性，能够较好地模拟壁面边界层、激波和自由剪切层等流动，其计算精度高于非结构网格。

(2)非结构网格：非结构网格点之间的邻接是无序的、不规则的，每个网格节点可以有不同的邻接网格数。常用的非结构网格包括三角形网格、四面体网格、金字塔形网格等。非结构网格舍去了网格节点的结构性限制，节点和单元的分布是任意的，能较好地处理边界，对于复杂的几何外形具有很强的适应性。对于复杂的计算区域，非结构网格的生成速度要高于结构网格，但是对于相同尺寸的流场空间而言，要达到相同的计算精度，非结构网格的网格数量远远大于结构网格的网格数量，这会导致计算机内存和计算时间增加。

(3)混合网格：混合网格是将结构网格和非结构网格混合起来布置，在一些对于正交性要求较高的地方采用结构网格划分，而对于一些流动比较复杂和对正交性要求不是很高的区域可以采用非结构网格划分，可以说混合网格的划分将结构网格和非结构网格的优点都结合到了一起。

◆◇ 5.3　微地形区域风流场研究

5.3.1　大地形区域的风流场模型

微地形是大地形中的一个局部的狭小范围，要想合理有效地建立微地形区域风流场模型，就要考虑大地形区域对微地形区域风流场的影响。

以我国西北某能源输送基地的部分地形区域为例，分析大地形整体区域的风流场分布特性。首先，通过卫星地图调取大地形区域的地形地貌图；其次，对地形地貌图划分网格，并提取每条网格线上的经纬度坐标及海拔值；再次，对区域地形建立坐标系，将提取的经纬度和海拔值转换为 x，y，z 坐标值；最后，将转换好的每个点的坐标值依次导入三维建模软件中，生成点，再经过连点成线，曲线扫描，放样切除等一系列操作后，得到如图 5-1 所示的大地形整体区域地形地貌模型。

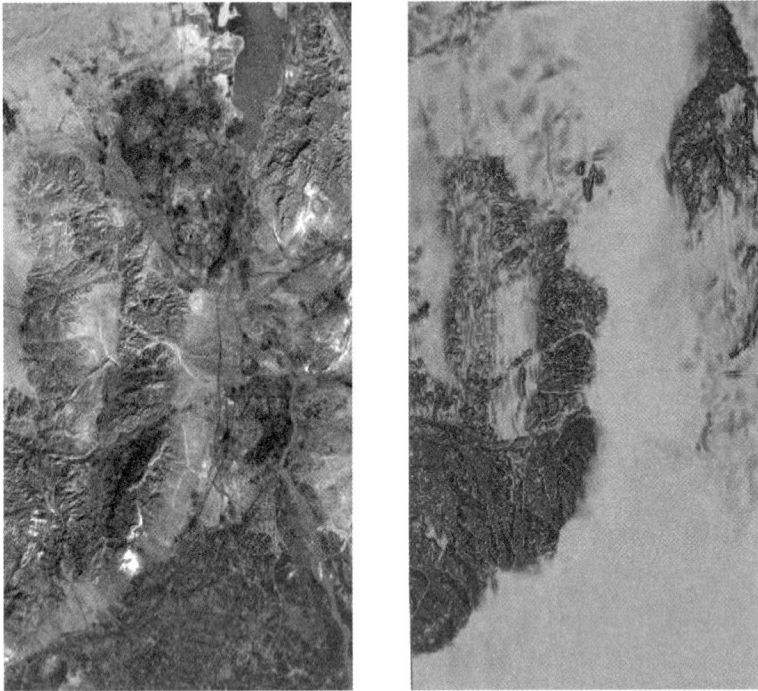

(a) 大地形区域实际卫星图 (b) 大地形区域地形地貌模型

图 5-1 大地形区域地形地貌卫星图与模型对比

利用三维建模软件建立好模型后，将模型导入 ICEM CFD 中进行网格划分，并对近地面网格层进行网格细化处理，得到大地形整体区域的计算模型。

将大地形整体区域的计算模型导入 ANSYS Fluent 软件中进行风流场计算，需要确定流场模型入口处的风向与风速。

(1) 流场模型入口处风向确定。

为确定计算模型入口处的风向，可通过关注中国气象局官方网站，长期观测该地形区域的风向情况，每当有大风经过时，进行记录并统计，总结得出该区域的风向范围为与竖直方向成 40°~60°，如图 5-2 所示。

图 5-2　该地形区域入口处风向观测图

(2) 流场模型入口处风速确定。

为确定计算模型入口处的风速，可通过调研收集该地形区域主要气象站的地理位置，并查询气象站统计的年日常风速数据，建立每年最大风速的折线趋势图，如图 5-3 所示。

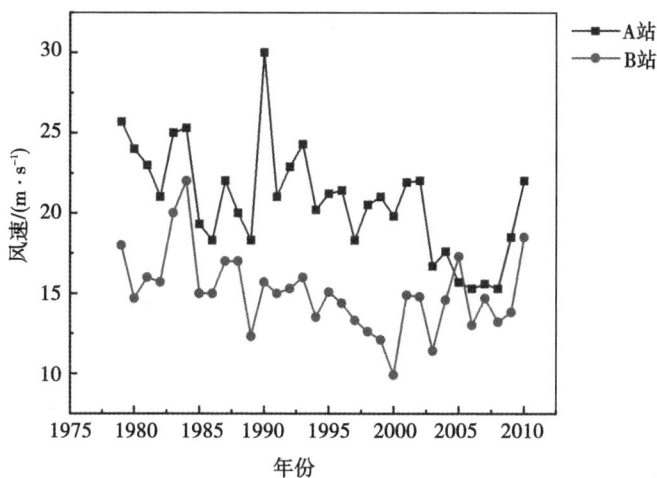

图 5-3　气象站年最大风速折线图

从图 5-3 中可以看到，年最大风速无明显变化规律，不能直接用于研究，因此需要采用数学方法加以处理，估算两处气象站位置年风速最大值的情况。

设 E 为一随机试验，Ω 为样本空间，若 $X=X(w)(w\in\Omega)$ 为单值实函数，且对于任意实数 x，集合 $\{w\mid X(w)\leqslant x\}$ 都是随机事件，则 X 为随机变量。

随机变量 X 如果全部可能取到的不相同的值是有限个或可列无限多个，则为离散型随机变量。

设 X 为离散型随机变量，其分布律为

$$P\{X=x_i\}=p_i, \quad i=1,2,\cdots \tag{5-1}$$

如果 $\sum_{-\infty}^{+\infty} x_ip_i$ 绝对收敛，即 $\sum_{-\infty}^{+\infty}|x_i|p_i<+\infty$，则称级数为 X 的数学期望，简称期望，记为 $E(X)$ 或 EX，即

$$E(X)=\sum_{-\infty}^{+\infty}x_ip_i \tag{5-2}$$

其中，要求 $\sum_{-\infty}^{+\infty}x_ip_i$ 绝对收敛是必需的，因为 $E(X)$ 是一个确定的数，不受 x_ip_i 在级数中排列次序的影响，X 的数学期望也称为数 x_i 以概率 p_i 为权的加权平均。

运用上述理论对气象站的年最大风速进行处理，可得到 A 气象站年最大风速的期望值为 20.6 m/s，B 气象站年最大风速的期望值为 16.6 m/s。

根据统计得到的风向，对已经建立的大地形区域整体风场计算模型输入不同的入口风速，得出计算结果，提取模型中 A，B 两处气象站所处位置的风速，如表 5-1 所示。

表 5-1 不同风速下模型中 A，B 两处气象站所处位置的风速　　单位：m/s

入口风速	A 气象站计算风速	B 气象站计算风速
23.0	17.014	14.556
23.5	18.972	15.375
24.0	20.008	16.116
24.5	21.051	17.259
25.0	22.886	18.193
25.5	24.007	19.144
26.0	25.116	20.522

根据表中计算结果可见，当入口风速取 24.0 m/s 和 24.5 m/s 时，A，B 两处气象站风速接近年最大风速的期望值，考虑到风场仿真计算中粗糙度要比实际值偏小，所以可取入口处风速值略大些。

5.3.2　微地形区域的风速特性

从大地形整体区域风场模型计算结果可知，并不是所有山谷区域的风速都会提升，这说明存在判定地形是否为微地形的临界地形参数。因此，下面以两个山包组成的垭口微地形为例，分析微地形区域的临界值。

如图 5-4(a)为所研究的微地形区域示意图，Z 为测点离山体表面的距离，H 为山峰最大高度，L 为两山峰的间距，R 为山峰半径。风垂直于剖面吹入，当气流经过两山包时会被加速。

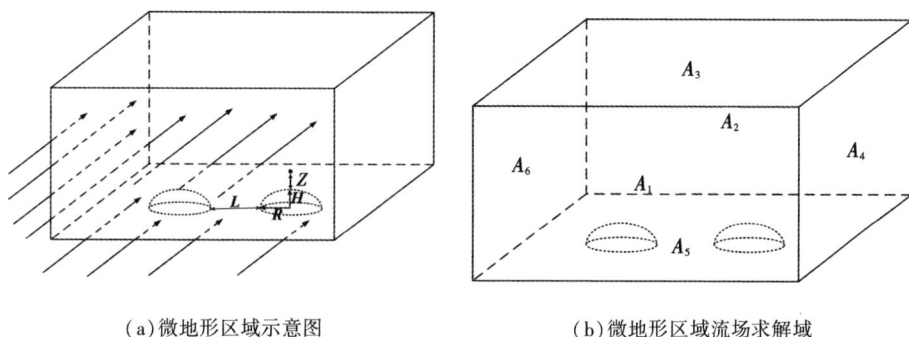

(a)微地形区域示意图　　　　　　　(b)微地形区域流场求解域

图 5-4　微地形区域的模型与流场

采用 CFD 方法计算微地形区域风场风速分布规律。在微地形风场中，风速沿横向、纵向和高度方向，各个方向都是变化的，即一个三维问题，选择一个包括两个山峰的三维空间作为分析计算的求解域。三维流场域尺寸为场高 $h=10H$，场宽 $b=12R$，场长 $l>8R$。如图 5-4(b)所示，A_1 面为风的吹入面，A_2 面为风的吹出面，$A_3 \sim A_6$ 面为壁面。

研究取不同的山谷宽度与山体半径之比(L/R)及不同的山体坡度(山体高度与山体半径之比，H/R)，离地高度 Z 取输电铁塔呼高，确定微地形区域地形参数与风速修正系数临界值的关系。

以两山峰间距与山峰半径之比 L/R 为 1.0 为例，A，B 面内的风速分布如图 5-5 所示。从图中可以看出，风在跨越微地形区域时，在山顶处或山谷处，风速受微地形影响很大。

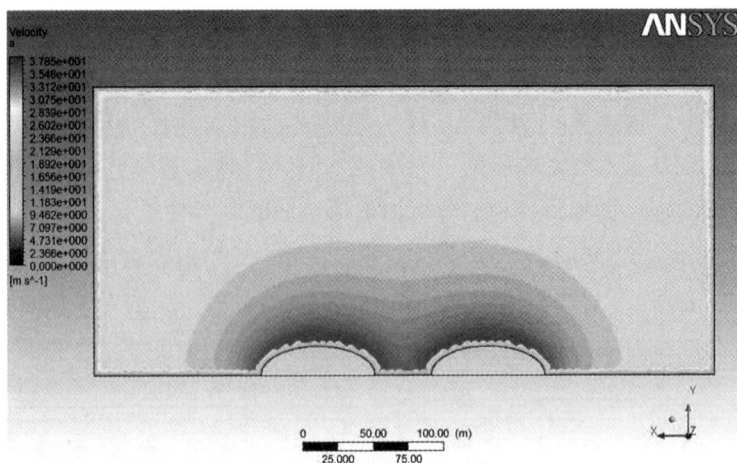

（a）流场模型 A 面视角

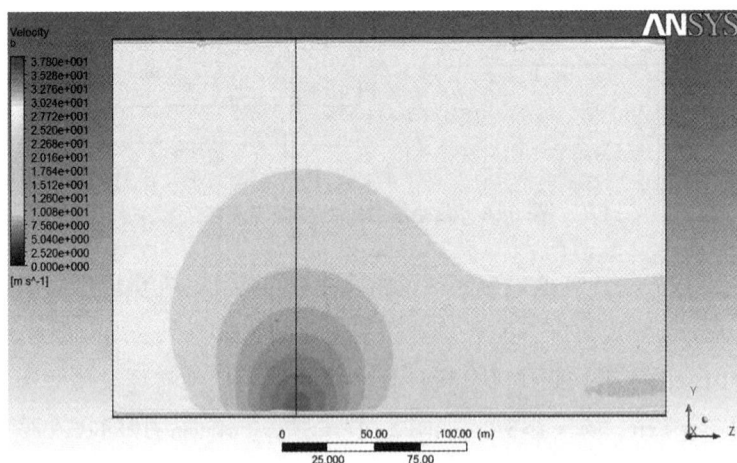

（b）流场模型 B 面视角

图 5-5　微地形流场模型风速分布图

（1）风速修正系数曲线图。

为了方便分析微地形对来流风速的影响，将位于山顶和山谷的风速变化（测点风速与来流风速的比值 U_p/U_0）随相对高度（Z/H）的变化进行统计，得到如图 5-6 所示的曲线。

经过分析可以得到：不论是山顶还是山谷，随着高度的增加，风速变化（U_p/U_0）逐渐减小，并趋于 1；在山顶，尤其在接近山顶地面处，风速显著增大，但加速效果不随两山体间距的变化而变化，故考虑两山包微地形山顶处风

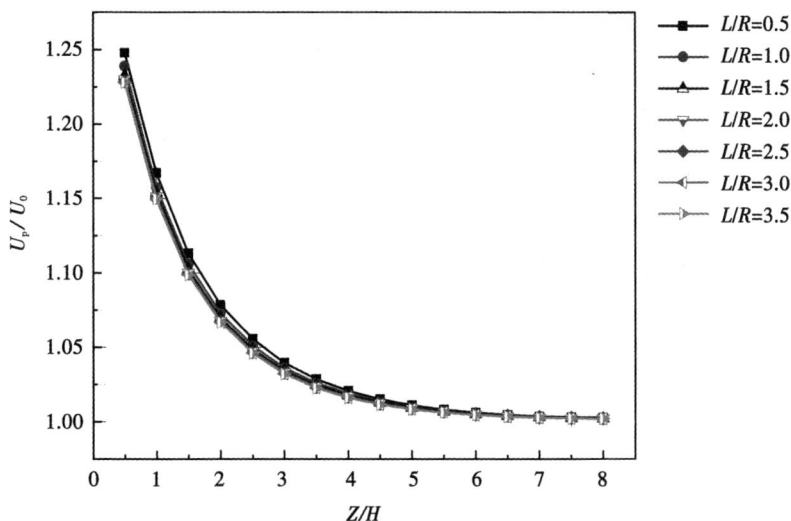

（a）山顶风速变化

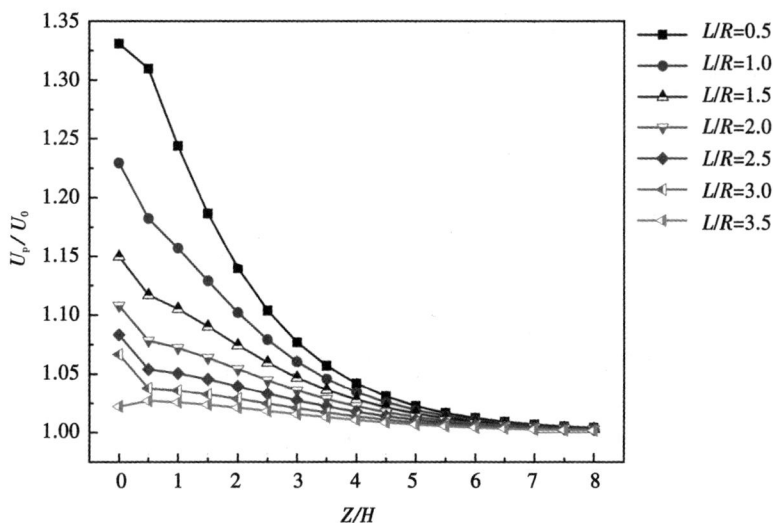

（b）山谷风速变化

图 5-6　微地形区域风速变化统计曲线图

速规律时，可将其视为单体山丘微地形研究；在山谷接近地面处，风速也显著
增大，并且随着两山体间距的增大，加速效果下降，当两山体间距与山体半径
之比 L/R 超过 3.5 时，加速效果基本消失。

（2）影响风速修正系数的地形参数临界值。

为了方便分析微地形对来流风速的影响，研究不同的山谷宽度与山体半径之比（L/R）及不同的山体坡度（山体高度与山体半径之比，H/R）之间的关系，离地高度 Z 取输电铁塔呼高，得到的微地形地形参数与风速修正系数的关系如表 5-2 所示。

表 5-2　微地形地形参数与风速修正系数的关系

H/R	L/R						
	0.5	1.0	1.5	2.0	2.5	3.0	3.5
0.1	1.05	1.03	1.02	1.01	1.01	1.01	1.00
0.2	1.12	1.07	1.04	1.03	1.02	1.02	1.00
0.3	1.19	1.10	1.07	1.05	1.03	1.02	1.01
0.4	1.26	1.13	1.10	1.06	1.04	1.03	1.02
0.5	1.35	1.17	1.12	1.08	1.05	1.04	1.03

从表中数据可以看出，在一定的地形参数下，风速修正系数下降为 1.03 及以下，此时来流风速即使为 30 m/s 的大风，风速变化也不足 1 m/s。以此说明，当地形参数达到一定数值时，微地形对风速基本没有影响，具体地形参数的临界值可从表 5-2 中查看。

◆◇ 5.4　抬升型地貌作用下绝缘子串动态风偏特性分析

5.4.1　抬升型地貌作用下的绝缘子串耦合风偏运动方程

架空线路在架设过程中有时会途经山坡、丘陵等抬升型地貌，当来流风经过抬升型地貌时，低空的来流风速度方向不再平行于水平地面，而是沿着抬升型地貌的坡度方向与水平地面形成一个上仰夹角，即坡型风攻角，如图 5-7 所示。坡型风攻角的上仰角度与抬升型地貌的坡度一致，带有坡型风攻角的来流风会对架空线路产生水平与竖直两个方向上的作用力，从而影响绝缘子串的动态风偏响应敏感度特性。

以绝缘子串风偏响应计算的固有频率等效模型为基础模型，由于该模型中外部激励广泛分布在导线模型各处，无法揭示输入与输出之间的本质关系，因此需要对输电导线所受风载荷与重力载荷进行集中施加处理。结合研究目标与

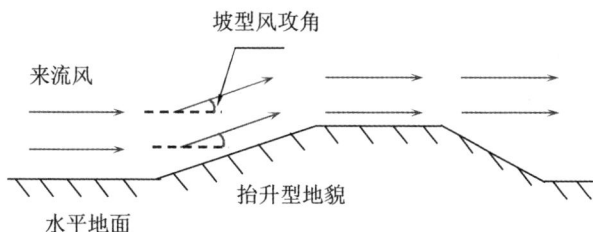

图 5-7　抬升型地貌风攻角示意图

工程设计规范，可以将输电导线水平档距所受风载荷(L_H)与垂直档距所受重力载荷(L_V)集中施加到对象绝缘子串下方的两侧导线等效刚杆平均作用位置处，如图 5-8 所示，从而建立绝缘子串与输电导线耦合风偏运动的动力学方程。

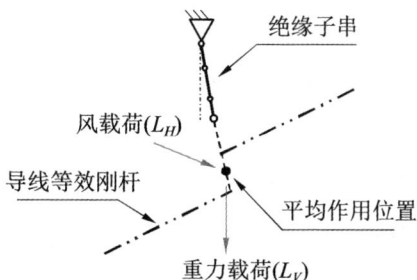

图 5-8　两侧导线平均作用位置与载荷施加示意图

在坡型风攻角的影响下，对象绝缘子串与其下方平均作用位置所受的 y，z 方向相对风载荷将发生改变，记坡型风攻角为 γ_s，来流风与绝缘子、平均作用位置的相对运动示意图如图 5-9 所示。

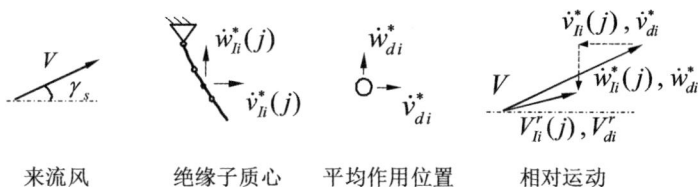

图 5-9　坡型风攻角影响下的相对运动示意图

根据图 5-9 中所示的几何关系，将绝缘子与平均作用位置受到的相对风载荷向 y 轴与 z 轴方向进行分解，略去风速与风偏运动速度的高次项与乘积项，可得

$$F_{li}^{y}(j)\big|_{\gamma_s} = \phi\big[(\bar{V}_{li}+V_{li}^{*})^{2}\cos\gamma_s - \dot{w}_{li}^{*}(j)\cdot\bar{V}_{li}\sin\gamma_s\cos\gamma_s - \dot{v}_{li}^{*}(j)\cdot\bar{V}_{li}(\cos^2\gamma_s+1)\big]$$

$$(5-3)$$

$$F_{li}^{z}(j)\big|_{\gamma_s} = \phi\big[(\bar{V}_{li}+V_{li}^{*})^{2}\sin\gamma_s - \dot{v}_{li}^{*}(j)\cdot\bar{V}_{li}\sin\gamma_s\cos\gamma_s - \dot{w}_{li}^{*}(j)\cdot\bar{V}_{li}(\sin^2\gamma_s+1)\big]$$

$$(5-4)$$

$$F_{di}^{y}\big|_{\gamma_s} = \psi\alpha L_{H}\big[(\bar{V}_{di}+V_{di}^{*})^{2}\cos\gamma_s - \dot{w}_{di}^{*}\bar{V}_{di}\sin\gamma_s\cos\gamma_s - \dot{v}_{di}^{*}\bar{V}_{di}(\cos^2\gamma_s+1)\big] \quad (5-5)$$

$$F_{di}^{z}\big|_{\gamma_s} = \psi\alpha L_{H}\big[(\bar{V}_{di}+V_{di}^{*})^{2}\sin\gamma_s - \dot{v}_{di}^{*}\bar{V}_{di}\sin\gamma_s\cos\gamma_s - \dot{w}_{di}^{*}\bar{V}_{di}(\sin^2\gamma_s+1)\big] \quad (5-6)$$

采用分析力学方法计算系统的动能、势能、广义非有势力，可得含有坡型风攻角的绝缘子串与导线耦合风偏运动方程为

$$\begin{bmatrix} \boldsymbol{\Lambda}_{di}^{m} & \boldsymbol{E}_{di}^{m} \\ \boldsymbol{\Lambda}_{d\varphi i}^{m} & \boldsymbol{E}_{d\varphi i}^{m} \end{bmatrix}\begin{bmatrix} \ddot{\boldsymbol{\theta}}_{i}^{*} \\ \ddot{\boldsymbol{\varphi}}_{ei}^{*} \end{bmatrix} + \begin{bmatrix} \boldsymbol{\Lambda}_{di}^{c}\big|_{\gamma_s} & \boldsymbol{E}_{di}^{c}\big|_{\gamma_s} \\ \boldsymbol{\Lambda}_{d\varphi i}^{c}\big|_{\gamma_s} & \boldsymbol{E}_{d\varphi i}^{c}\big|_{\gamma_s} \end{bmatrix}\begin{bmatrix} \dot{\boldsymbol{\theta}}_{i}^{*} \\ \dot{\boldsymbol{\varphi}}_{ei}^{*} \end{bmatrix} + \begin{bmatrix} \boldsymbol{\Lambda}_{di}^{k}\big|_{\gamma_s} & \\ & \boldsymbol{\Lambda}_{d\varphi i}^{k}\big|_{\gamma_s} \end{bmatrix}\begin{bmatrix} \boldsymbol{\theta}_{i}^{*} \\ \boldsymbol{\varphi}_{ei}^{*} \end{bmatrix} = \begin{bmatrix} \boldsymbol{F}_{di}^{w}\big|_{\gamma_s} \\ \boldsymbol{F}_{di}^{\varphi}\big|_{\gamma_s} \end{bmatrix}$$

$$(5-7)$$

由式(5-7)可见，带有坡型风攻角的来流风对耦合风偏运动方程的影响主要集中在气动阻尼项、刚度项与来流风激扰项，其改变了绝缘子串风偏响应系统的幅频特性函数，进而影响了绝缘子串的动态风偏响应敏感度特性，式(5-7)中各个元素的表达式详见附录Ⅲ。

5.4.2　抬升型地貌作用下的系统幅频特性与响应均方值

通过自相关函数计算脉动风激扰力的自功率谱，根据频率响应法与随机激励响应关系理论[2]，结合式(5-7)可以得到绝缘子串风偏响应系统的幅频特性函数$|H_{\theta}^{\gamma}(\omega)|$与对应于Kaimal脉动风速谱的输出谱$S_{\theta}^{\gamma}(\omega)$，其表达式分别为

$$|H_{\theta}^{\gamma}(\omega)| = \frac{2\psi\alpha L_{H}\bar{V}_{di}\cos\bar{\theta}_{i}^{\gamma}(\cos\bar{\theta}_{i}^{\gamma}\cos\gamma_s - \sin\bar{\theta}_{i}^{\gamma}\sin\gamma_s)}{(mgL_{V}+\psi\alpha L_{H}\bar{V}_{di}^{2}\sin\gamma_s)\sqrt{[1-(\omega/p_{H}^{\gamma})^2]^2+(2\zeta_{H}^{\gamma}\omega/p_{H}^{\gamma})^2}} \quad (5-8)$$

$$S_{\theta}^{\gamma}(\omega) = \frac{4(\psi\alpha L_{H}\bar{V}_{di})^{2}\cos^2\bar{\theta}_{i}^{\gamma}(\cos\bar{\theta}_{i}^{\gamma}\cos\gamma_s - \sin\bar{\theta}_{i}^{\gamma}\sin\gamma_s)^2}{(mgL_{V}+\psi\alpha L_{H}\bar{V}_{di}^{2}\sin\gamma_s)^2\{[1-(\omega/p_{H}^{\gamma})^2]^2+(2\zeta_{H}^{\gamma}\omega/p_{H}^{\gamma})^2\}}\cdot S_{K}^{*}(\omega)$$

$$(5-9)$$

式中，$\bar{\theta}_{i}^{\gamma}$为坡型风攻角影响下的绝缘子串平均风偏角，$p_{H}^{\gamma}$与$\zeta_{H}^{\gamma}$分别为坡型风攻角影响下的系统固有频率与阻尼比，有

$$\overline{\theta}_i^\gamma = \tan^{-1}\left[\frac{(\varphi\,\overline{V}_{Ii}^2/2 + \psi\alpha L_H\,\overline{V}_{di}^2)\cos\gamma_s}{(mL_V + n_{Ii}m_I g/2)g + (\varphi\,\overline{V}_{Ii}^2/2 + \psi\alpha L_H\,\overline{V}_{di}^2)\sin\gamma_s}\right] \tag{5-10}$$

$$p_H^\gamma = \sqrt{\left[mgL_V + \psi\alpha L_H\,\overline{V}_{di}^2\sin\gamma_s\right]/mL_V(n_{Ii}l_I + l_{di})\cos\overline{\theta}_i^\gamma} \tag{5-11}$$

$$\zeta_H^\gamma = \frac{\psi\alpha L_H\,\overline{V}_{di}(n_{Ii}l_I + l_{di})\overline{\Delta}}{2\sqrt{(mgL_V + \psi L_H\,\overline{V}_{di}^2\sin\gamma_s)\cdot mL_V(n_{Ii}l_I + l_{di})/\cos\overline{\theta}_i^\gamma}} \tag{5-12}$$

式中，$\overline{\Delta}$ 的表达式为

$$\overline{\Delta} = \cos^2\overline{\theta}_i^\gamma(\cos^2\gamma_s + 1) + \sin^2\overline{\theta}_i^\gamma(\sin^2\gamma_s + 1) - 2\sin\gamma_s\cos\gamma_s\sin\overline{\theta}_i^\gamma\cos\overline{\theta}_i^\gamma \tag{5-13}$$

幅频特性函数代表的是振动系统频率响应幅度随频率变化的曲线，描述了系统自身对不同激扰的传递能力，为直观展现绝缘子串风偏响应系统幅频特性与坡型风攻角的关系，通过式(5-8)绘制坡型风攻角、激扰频率与幅频特性曲线之间的关系示意图，并将结果进行归一化处理，如图5-10所示。

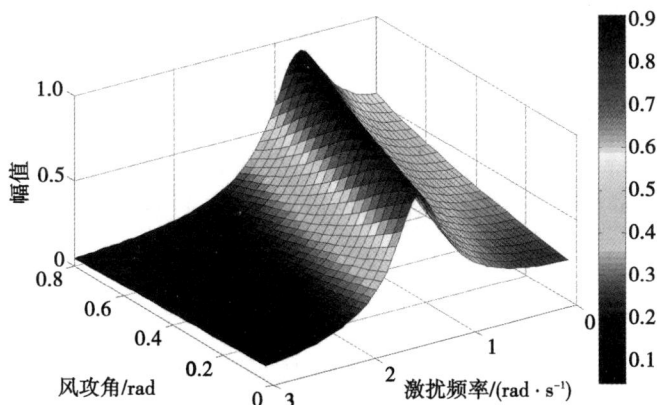

图 5-10　风偏系统幅频特性三维关系示意图

由图5-10可见，幅频特性曲线幅值随激扰频率的变化出现极大峰值，代表此时系统在外部激扰频率的作用下发生了共振响应；坡型风攻角越小，触发峰值的激扰频率就越高，说明系统固有频率随坡型风攻角减小而增大，即坡型风攻角越小，绝缘子串风偏系统发生共振响应的可能性越低。

通过式(5-9)绘制响应输出谱随激扰频率变化的曲线示意图，并选择不同的坡型风攻角进行对比，将结果进行归一化处理，如图5-11所示。

由图5-11可知，Kaimal脉动风速谱与幅频特性曲线确定了风偏响应输出谱的两个峰值，且随着坡型风攻角的增大，响应输出谱的幅值随之增大，幅频

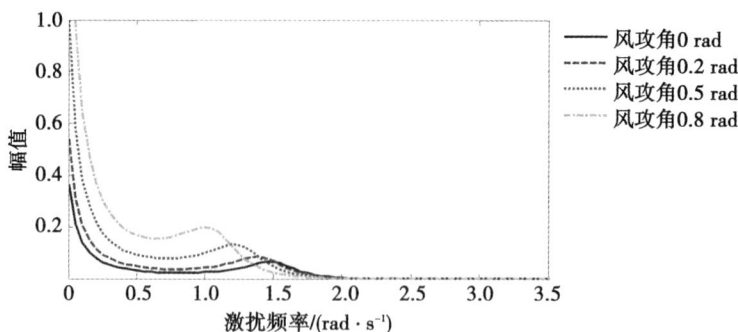

图 5-11 不同风攻角影响下响应输出谱曲线变化示意图

特性引发的峰值也随之移向低频激扰区间，这与图 5-10 的分析结论是一致的。

通过响应输出谱的均方值 $\psi_\theta^2|_{\gamma_s}$ 表示坡型风攻角影响下的悬垂绝缘子串风偏摆动敏感程度，结合图 5-11，可得到 $\psi_\theta^2|_{\gamma_s}$ 的表达式为

$$\psi_\theta^2|_{\gamma_s} = \{ |H_\theta^\gamma(\omega)|^2 \cdot S_K^*(\omega) |_{\omega = p_H^\gamma}\} + \{ |H_\theta^\gamma(\omega)|^2 \cdot S_K^*(\omega) |_{\omega \to 0}\}$$

$$(5-14)$$

将 $\psi_\theta^2|_{\gamma_s}$ 对 γ_s 求偏导，可得

$$\frac{\partial \psi_\theta^2|_{\gamma_s}}{\partial \gamma_s} = \frac{\psi \alpha L_H \overline{V}_{di} S_\theta^\gamma(\omega) \partial \cos\theta_i^\gamma / \partial \gamma_s}{(mgL_V + \psi \alpha L_H \overline{V}_{di}^2 \sin\gamma_s)^2} \cdot \frac{\partial(\cos\theta_i^\gamma \cos\gamma_s - \sin\theta_i^\gamma \sin\gamma_s)/\partial \gamma_s}{(\zeta_H^\gamma)^2(\psi \alpha L_H \overline{V}_{di}^2 \cos\gamma_s + \partial \zeta_H^\gamma / \partial \gamma_s)} > 0$$

$$(5-15)$$

由式(5-15)可知，响应输出谱的均方值与坡型风攻角成正比例关系，即坡型风攻角越大，绝缘子串动态风偏响应的敏感度就越高，风偏摆动幅值就越大。

5.4.3 实例计算与结果分析

以某段 220 kV 架空线路中的单串悬垂绝缘子串为分析对象，该段架空线路对象悬垂绝缘子串挂点高度为 30 m，两侧导线档距分别为 300 m 和 230 m，大小号塔侧绝缘子串挂点高度分别为 33 m 与 30 m，标准高度 10 m 处的基准风速为 25 m/s，绝缘子串总长为 2.7 m，总重为 88.3 kg，绝缘子片数为 14 片，输电导线直径为 33.8 mm，单位长度质量为 2.079 kg/m，年平均运行张力为 30000 N，其示意图如图 5-12 所示。

采用有限元模型分别计算 0，0.3，0.6 rad 的坡型风攻角的影响下的绝缘子串动态风偏位移响应，将计算得到的绝缘子串下端顺风向位移结果汇总至表 5-

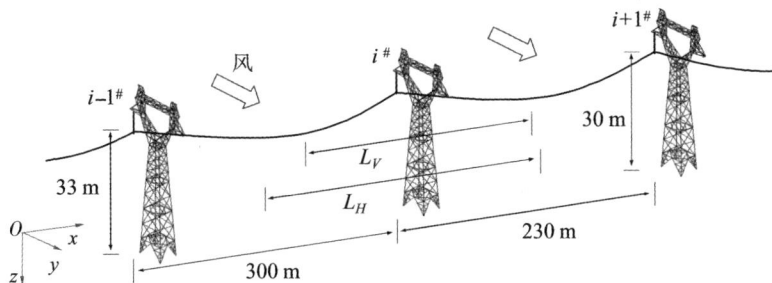

图 5-12　对象绝缘子串与两侧导线结构示意图

3 中，其中，地形粗糙度系数取 0.15。

表 5-3　不同风攻角影响下的绝缘子串顺风向位移响应结果比较

坡型风攻角/rad	响应均值/m	响应标准差/m	响应最大值/m
0	1.56	0.224	2.02
0.3	1.74	0.253	2.23
0.6	1.86	0.291	2.38

由表 5-3 可见，随着坡型风攻角的增大，绝缘子串的风偏响应标准差也随之增大。为进一步验证绝缘子串动态风偏对坡型风攻角敏感度特性分析的正确性，依旧选取垂平比 0.8 与 1.1 作为比较值，改变工程实例中坡型风攻角的数值，绘制多种风攻角影响下绝缘子串风偏响应标准差的变化趋势示意图，如图 5-13 所示。

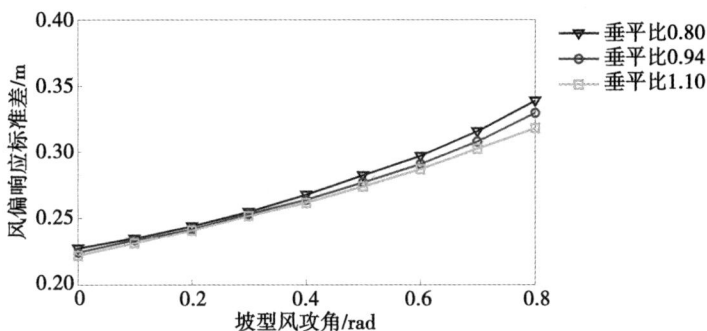

图 5-13　不同风攻角影响下的响应标准差变化趋势

由图 5-13 可知，不同垂平比作用下的绝缘子串风偏响应标准差均与坡型风攻角成正比，即来流风与水平地面的夹角越大，绝缘子串的风偏摆动幅值越大，证明了坡型风攻角影响下绝缘子串动态风偏响应敏感度特性分析的正确性。

在工程实际中计算坡型风攻角的工况时，设计人员一般使用静力学方法算得绝缘子串的风偏均值，再通过乘以放大系数表示绝缘子串的最大风偏幅值[3-4]，然而该放大系数的取值只与来流风速有关，并没有考虑风攻角对绝缘子串摆动幅值的影响，即算得的绝缘子串最大风偏幅值与坡型风攻角呈线性关系。然而，根据图5-13可知，绝缘子串风偏摆动幅值随着坡型风攻角的增加而非线性增加，风攻角越大，增加的斜率就越大。由此说明，在目前工程设计中风攻角影响下的绝缘子串风偏响应计算方法会使计算结果偏小，具有一定的局限性，本节研究可为架空线路在抬升型地貌下进行防风偏设计提供有价值的参考和理论支持。

◆◆ 5.5 本章小结

本章以计算流体动力学理论为基础，结合真实地形，合理建立了微地形区域的风流场模型，分析了微地形区域的地形参数临界值，并通过建立绝缘子串与输电导线耦合风偏运动的动力学方程，根据系统幅频特性曲线与脉动风速谱变化规律，分析绝缘子串的风偏响应均方值，研究了抬升型地貌下绝缘子串动态风偏的特性，并通过实例计算验证了分析结果的正确性与该研究方法的有效性。

◆◆ 参考文献

[1] 王福军.计算流体动力学分析:CFD 软件原理与应用[M].北京:清华大学出版社,2004.

[2] 季文美,方同,陈松淇.机械振动[M].北京:科学出版社,1985.

[3] 王声学,吴广宁,范建斌,等.500 kV 输电线路悬垂绝缘子串风偏闪络的研究[J].电网技术,2008,32(9):65-69.

[4] 严波,林雪松,罗伟,等.绝缘子串风偏角风荷载调整系数的研究[J].工程力学,2010,27(1):221-227.

第6章　典型防风偏措施动态特性研究及有效性分析

◆◇ 6.1　引　言

　　为使已建成运营的架空线路能够在大风工况下平稳运行，工程设计人员通过风偏防治措施对经校验不满足设计要求的或存在风偏闪络风险的架空线路进行了改造。目前，工程中常用的防风偏措施主要分为两类，其典型代表分别为重锤式防风偏措施与 V 型串防风偏措施。通过梳理文献可知，设计人员对重锤式防风偏措施的研究普遍采用静力学计算方法，没有考虑绝缘子串的动态风偏响应特性，也无法深入探索重锤质量与绝缘子串风偏幅值之间的内在关系，具有一定的局限性；研究人员对 V 型串防风偏措施的分析主要集中在 V 型复合绝缘子串，而对 V 型盘形绝缘子串的研究略显不足，既没有建立 V 型盘形绝缘子串防风偏措施的动力学计算模型，也没有分析其动态响应特性，进而无法了解 V 型盘形绝缘子串防风偏措施的安全性与有效性。为此，有必要对重锤式防风偏措施、V 型盘形绝缘子串防风偏措施进行动态风偏响应特性研究及有效性分析，从而达到合理使用防风偏措施、有效预防风偏发生的目的。

　　本章结合工程实际与理论计算可行性，分别构建了重锤式防风偏措施、V型盘形绝缘子串防风偏措施作用下的绝缘子串与导线耦合风偏运动方程，并通过两种典型防风偏措施作用下的风偏系统幅频特性函数与输出谱均方值，分析防风偏措施关键参数(重锤质量、V 型串初始构型夹角)变化对绝缘子串风偏动态特性与摆动幅值的影响，探讨两种典型防风偏措施的有效性。研究结果不仅加深了对重锤式防风偏措施、V 型盘形绝缘子串防风偏措施的认识，也为架空线路绝缘子串的风偏防治设计提供了有意义的参考和理论支持。

◆ 6.2 重锤式防风偏措施动态特性及有效性分析

6.2.1 重锤作用下绝缘子串与导线耦合风偏运动的动力学方程

选取下端安装重锤的悬垂绝缘子串作为研究对象，采用工程设计中认为的对风偏响应最不利风向进行分析，在绝缘子串风偏响应固有频率等效模型的基础上，为绝缘子串下端添加一个集中质量，并将水平档距风载荷(L_H)垂直档距重力载荷(L_V)集中施加到两侧导线等效刚杆的平均作用位置处，如图 6-1 所示，从而建立重锤作用下绝缘子串与输电导线耦合风偏运动的动力学方程。

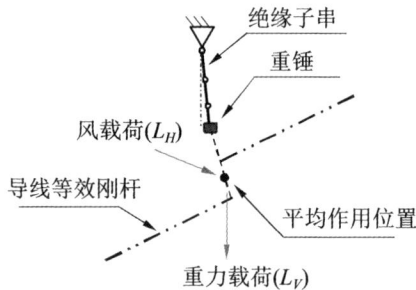

图 6-1 重锤作用下绝缘子串与导线耦合风偏运动示意图

重锤的添加改变了绝缘子串的平均风偏角，而没有影响绝缘子串下端虚拟连杆的平均风偏角。依旧将虚拟连杆的平均风偏角记为 $\overline{\varphi}_{ei}$，其表达式由式(5-3)确定，重锤作用下绝缘子串中第 j 片绝缘子的平均风偏角记为 $\overline{\theta}_{hi}(j)$，其表达式为

$$\overline{\theta}_{hi}(j) = \tan^{-1}\left(\frac{\psi\alpha L_H \overline{V}_{di}^2 + \varphi \overline{V}_{li}^2 (n_{li}-j+1)/2}{mgL_V + M_hg + (n_{li}-j+1) m_I g/2}\right) \tag{6-1}$$

式中，M_h 为重锤质量。

在脉动风载荷作用下，绝缘子串与导线围绕静态风偏位置发生风偏摆动，在此过程中，记第 j 片绝缘子在 y，z 方向上的位移分别为 $v_{Ihi}^*(j)$，$w_{Ihi}^*(j)$，导线等效刚杆平均作用位置处在 y，z 方向上的位移分别为 v_{dhi}^*，w_{dhi}^*，其计算方法与 5.4 节一致，只需将其中绝缘子平均风偏角 $\overline{\theta}_i(j)$ 替换成重锤作用下的绝缘子平

均风偏角 $\overline{\theta}_{hi}(j)$ 即可，这里不再赘述。

以静态风偏位置为势能原点，重锤作用下绝缘子串的势能与动能表达式分别为

$$U_{Ii}^h = -\sum_{j=1}^{n_{Ii}} \left[\, w_{Ihi}^*(j) \cdot m_I g + v_{Ihi}^*(j) \cdot \varphi\, \overline{V}_{Ii}^2 \,\right] - w_{Ihi}^*(n_{Ii}) \cdot M_h g \qquad (6\text{-}2)$$

$$T_{Ii}^h = \frac{1}{2} m_I \sum_{j=1}^{n_{Ii}} \left\{ \left[\, \dot{w}_{Ihi}^*(j) \,\right]^2 + \left[\, \dot{v}_{Ihi}^*(j) \,\right]^2 \right\} + \frac{1}{2} M_h \left\{ \left[\, \dot{w}_{Ihi}^*(n_{Ii}) \,\right]^2 + \left[\, \dot{v}_{Ihi}^*(n_{Ii}) \,\right]^2 \right\}$$

$$(6\text{-}3)$$

平均作用位置处风偏摆动的势能与动能表达式分别为

$$U_i^h = -w_{dhi}^* \cdot mgL_V - v_{dhi}^* \cdot \psi\alpha\, \overline{V}_{di}^2 L_H \qquad (6\text{-}4)$$

$$T_i^h = \frac{1}{2} mL_V \left[\, (\, \dot{w}_{dhi}^* \,)^2 + (\, \dot{v}_{dhi}^* \,)^2 \,\right] \qquad (6\text{-}5)$$

式中，$\dot{v}_{Ihi}^*(j)$，$\dot{w}_{Ihi}^*(j)$ 与 $\dot{v}_{dhi}^*$，$\dot{w}_{dhi}^*$ 分别为第 j 片绝缘子与导线等效刚杆平均作用位置处在 y，z 方向上的速度。

当第 j 片绝缘子的脉动风偏角 $\theta_{hi}^*(j)$ 有角度虚位移 $\delta\theta_{hi}^*(j)$ 时，绝缘子串与导线等效刚杆平均作用位置处的虚功的表达式分别为

$$\delta W_{Ii}^h \big|_\theta = \varphi\, \overline{V}_I \left\{ \sum_{r=j}^{n_{Ii}} \left[\, 2V_{Ii}^* - 2\dot{v}_{Ihi}^*(r) \,\right] \cdot \delta v_{Ihi}^* \big|_\theta - \sum_{r=j}^{n_{Ii}} \dot{w}_{Ihi}^*(r) \cdot \delta w_{Ihi}^* \big|_\theta \right\}$$

$$(6\text{-}6)$$

$$\delta W_i^h \big|_\theta = \psi\alpha L_H\, \overline{V}_{di} \left[\, 2(\, V_{di}^* - \dot{v}_{dhi}^* \,) \cdot \delta v_{Ihi}^* \big|_\theta - \dot{w}_{dhi}^* \cdot \delta w_{Ihi}^* \big|_\theta \,\right] \qquad (6\text{-}7)$$

式中，$\delta v_{Ihi}^* \big|_\theta$ 与 $\delta w_{Ihi}^* \big|_\theta$ 为第 j 片绝缘子下方各片绝缘子质心在 y，z 方向的虚位移。

当绝缘子串下端虚拟连杆的脉动风偏角 φ_{ei}^* 有角度虚位移 $\delta\varphi_{ei}^*$ 时，导线等效刚杆平均作用位置处的虚功的表达式为

$$\delta W_i^h \big|_\varphi = \psi\alpha L_H\, \overline{V}_{di} l_{di} \delta\varphi_{ei}^* \left[\, 2(\, V_{di}^* - \dot{v}_{dhi}^* \,) \cdot \cos(\overline{\varphi}_{ei} + \varphi_{ei}^*) + \dot{w}_{dhi}^* \cdot \sin(\overline{\varphi}_{ei} + \varphi_{ei}^*) \,\right]$$

$$(6\text{-}8)$$

根据虚功计算得到风偏系统的广义非有势力，并将其与系统的动能、势能一起代入拉格朗日方程，经过整理可以列出重锤作用下绝缘子串与导线耦合风偏运动的动力学方程：

$$\begin{bmatrix} \Lambda_{hi}^m & E_{hi}^m \\ \Lambda_{h\varphi i}^m & E_{d\varphi i}^m \end{bmatrix} \begin{bmatrix} \ddot{\theta}_{hi}^* \\ \ddot{\varphi}_{ei}^* \end{bmatrix} + \begin{bmatrix} \Lambda_{hi}^c & E_{hi}^c \\ \Lambda_{h\varphi i}^c & E_{d\varphi i}^c \end{bmatrix} \begin{bmatrix} \dot{\theta}_{hi}^* \\ \dot{\varphi}_{ei}^* \end{bmatrix} + \begin{bmatrix} \Lambda_{hi}^k & \\ & \Lambda_{d\varphi i}^k \end{bmatrix} \begin{bmatrix} \theta_{hi}^* \\ \varphi_{ei}^* \end{bmatrix} = \begin{bmatrix} F_{hi}^w \\ F_{di}^\varphi \end{bmatrix} \qquad (6\text{-}9)$$

由式(6-9)可见，相较于式(5-10)，重锤作用改变了对应于风偏角 $\theta_{hi}^*(j)$ 的各系数项、激扰项与相关耦合项，没有改变对应于风偏角 φ_{ei}^* 的各系数项，重锤的添加影响了绝缘子串风偏响应系统的幅频特性，改变了绝缘子串的风偏摆动幅值，式(6-9)中的粗斜体项表示矩阵，其各个元素的表达式详见附录Ⅳ。

6.2.2 重锤作用下风偏系统的幅频特性与响应幅值

采用随高度变化的 Kaimal 风速谱作为脉动风输入谱，研究重锤作用下绝缘子串风偏响应系统的幅频特性与输出谱。由于绝缘子串下端受到的载荷远远大于各片绝缘子自身受到的载荷，因此可以参照 5.3 节研究方法，采用一个风偏角 θ_{hi} 对绝缘子串的整体风偏运动进行表示，将式(6-9)简化为两自由度的耦合风偏运动方程，进而揭示该风偏系统的本质特性。

重锤作用下绝缘子串风偏摆动受到的脉动风激扰力的自功率谱的表达式为

$$S(\omega)\big|_h = (2\psi\alpha L_H \overline{V}_{di}\cos\overline{\theta}_{hi})^2 \cdot S_K^*(\omega) \tag{6-10}$$

式中，$\overline{\theta}_{hi}$ 表示重锤作用下绝缘子串整体风偏运动的平均风偏角。

通过频率响应法与随机激励响应关系理论，考虑到 $\varphi \overline{V}_{li}$ 相较于 $\psi\alpha L_H \overline{V}_{di}$ 可以忽略，$n_{li}m_I + M_h$ 相较于 mL_V 不能忽略，根据式(6-9)、式(6-10)可以得到重锤作用下绝缘子串风偏响应系统对应于脉动风速谱的输出谱 $S_\theta^h(\omega)$ 与幅频特性函数 $|H_\theta^h(\omega)|$ 的表达式分别为

$$S_\theta^h(\omega) = \frac{(2\psi\alpha L_H \overline{V}_{di}\cos\overline{\theta}_{hi})^2(\lambda_4^h - \lambda_2^h)^2}{(\lambda_1^h\lambda_4^h - \lambda_2^h\lambda_3^h)^2} \cdot S_K^*(\omega) \tag{6-11}$$

$$|H_\theta^h(\omega)| = \frac{2\psi\alpha L_H \overline{V}_{di}\cos\overline{\theta}_{hi}(\lambda_4^h - \lambda_2^h)}{\lambda_1^h\lambda_4^h - \lambda_2^h\lambda_3^h} \tag{6-12}$$

其中，λ_1^h，λ_2^h，λ_3^h，λ_4^h 为函数式，分别有

$$\lambda_1^h = -\omega^2(mL_V + M_h + n_{li}m_I/3)n_{li}l_I + j\omega\psi\alpha L_H \overline{V}_{di}n_{li}l_I(\cos^2\overline{\theta}_{hi} + 1) +$$
$$(mL_V + n_{li}m_I/2 + M_h)g/\cos\overline{\theta}_{hi} \tag{6-13}$$

$$\lambda_2^h = -\omega^2 mL_V l_{di}\cos(\overline{\theta}_{hi} - \overline{\varphi}_{ei}) + j\omega\psi\alpha L_H \overline{V}_{di}l_{di}(2\cos\overline{\theta}_{hi}\cos\overline{\varphi}_{ei} + \sin\overline{\theta}_{hi}\sin\overline{\varphi}_{ei})$$
$$\tag{6-14}$$

$$\lambda_3^h = n_{li}l_I\{-\omega^2 mL_V\cos(\overline{\theta}_{hi} - \overline{\varphi}_{ei}) + j\omega\psi\alpha L_H \overline{V}_{di}(2\cos\overline{\theta}_{hi}\cos\overline{\varphi}_{ei} + \sin\overline{\theta}_{hi}\sin\overline{\varphi}_{ei})\}$$
$$\tag{6-15}$$

$$\lambda_4^h = -\omega^2 m L_V l_{di} + \mathrm{j}\omega\psi\alpha L_H \ \overline{V}_{di} l_{di}(\cos^2\overline{\varphi}_{ei}+1) + mgL_V/\cos\overline{\varphi}_{ei} \qquad (6-16)$$

通过式（3-92）、式（6-11）与式（6-12）绘制 Kaimal 脉动风速谱 $S_K^*(\omega)$、幅频特性函数 $|H_\theta^h(\omega)|$ 与风偏响应输出谱 $S_\theta^h(\omega)$ 之间的关系示意图，如图6-2所示。

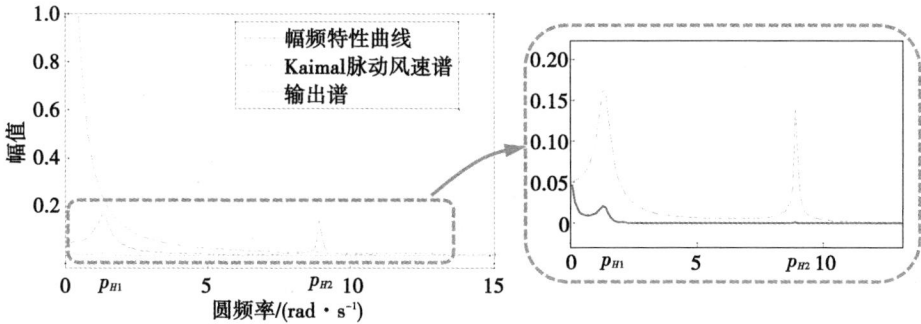

图 6-2 重锤作用下风偏系统三种曲线关系示意图

由图 6-2 可见，重锤的作用使绝缘子串风偏响应系统幅频特性曲线出现两个峰值，即该系统存在低阶固有频率 p_{H1} 与高阶固有频率 p_{H2}，由于 Kaimal 脉动风输入谱的峰值存在于低阶频率处，且随着频率的增加其幅值逐渐归于零值，因此，输出谱的峰值依然只有两个，即接近 0 频率处与低阶固有频率 p_{H1} 处，高阶固有频率 p_{H2} 处并没有出现输出谱峰值。

重锤作用下绝缘子串风偏响应输出谱的均方值为

$$\psi_\theta^2\big|_h = \int_{-\infty}^{\infty} S_\theta^h(\omega)\,\mathrm{d}\omega = \int_{-\infty}^{\infty} |H_\theta^h(\omega)|^2 S_K^*(\omega)\,\mathrm{d}\omega \qquad (6-17)$$

根据图 6-2，可将式（6-17）近似地写为

$$\psi_\theta^2\big|_h = \{|H_\theta^h(\omega)|^2 \cdot S_K^*(\omega)\,|\,\omega=p_{H1}\} + \{|H_\theta^h(\omega)|^2 \cdot S_K^*(\omega)\,|\,\omega\to0\}$$

$$(6-18)$$

将 $\psi_\theta^2\big|_h$ 对重锤质量 M_h 求偏导，可得

$$\partial\psi_\theta^2\big|_h/\partial M_h > 0 \qquad (6-19)$$

由式（6-19）可知，风偏系统响应输出谱的均方值与重锤质量成正比，即重锤质量越大，绝缘子串风偏摆动幅值越大。

根据随机振动理论可知，以静态风偏位置为初始计算条件时，风偏响应标准差 δ_h 与均方根值 $\psi_\theta|_h$ 相等，因此可采用概率统计方法计算在一定保证率下的绝缘子串最大风偏角[1]，有

$$\theta_{max}\,|_h = \overline{\theta}_{hi} + \mu\delta_h \qquad (6\text{-}20)$$

式中，μ 为保证系数，表示结构分析的安全度，我国规范取值在 2.2 左右[2]，即保证率为 98.61%。

通过式(6-1)、式(6-18)与式(6-20)绘制平均风偏角 $\overline{\theta}_{hi}$、风偏响应标准差 δ_h 与最大风偏角 $\theta_{max}\,|_h$ 随重锤质量 M_h 变化的曲线示意图，并将幅值进行归一化处理，如图 6-3 所示。

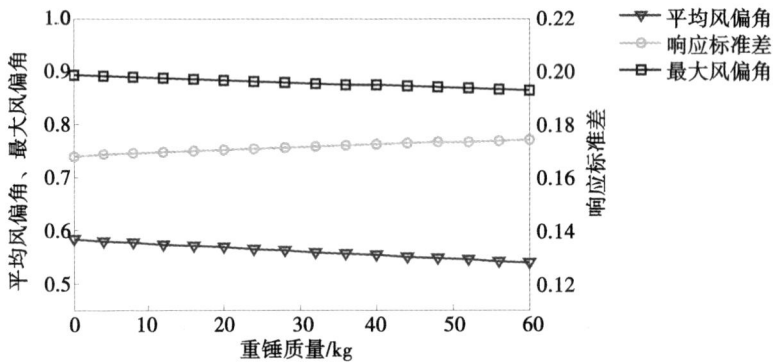

图 6-3　不同重锤质量作用下风偏响应曲线变化示意图

由图 6-3 可见，绝缘子串的平均风偏角与重锤质量成反比，响应标准差与重锤质量成正比，由于平均风偏角的变化斜率明显大于响应标准差的变化斜率，因此，随着重锤质量的增加，绝缘子串的最大风偏角逐步减小。该结果虽然证明了添加重锤可以降低绝缘子串的风偏幅值，但也表明了重锤式防风偏措施的抑制效果有限，在工程设计中若通过静力学方法计算平均风偏角来校验重锤式防风偏措施的有效性，则会高估其防治效果，进而影响架空线路的安全运行。

6.2.3　重锤作用下风偏系统的模态特性

为计算重锤作用下两自由度风偏系统的模态振型，可根据式(6-12)对式(6-9)进行整理，有

$$\begin{cases} \ddot{\boldsymbol{\theta}}_{hi}^* + a_h \cdot \ddot{\boldsymbol{\varphi}}_{ei}^* + b_h \cdot \boldsymbol{\theta}_{hi}^* = 0 \\ \ddot{\boldsymbol{\varphi}}_{ei}^* + c_h \cdot \ddot{\boldsymbol{\theta}}_{hi}^* + d_h \cdot \boldsymbol{\varphi}_{ei}^* = 0 \end{cases} \qquad (6\text{-}21)$$

式中，a_h，b_h，c_h，d_h 为计算系数，其表达式分别

$$a_h = \frac{mL_V l_{di} \cos(\overline{\theta}_{hi} - \overline{\varphi}_{ei})}{(mL_V + M_h + n_{li} m_I/3) n_{li} l_I}, \quad b_h = \frac{(mL_V + n_{li} m_I/2 + M_h) g}{(mL_V + M_h + n_{li} m_I/3) n_{li} l_I \cos \overline{\theta}_{hi}} \qquad (6-22)$$

$$c_h = \frac{mL_V n_{li} l_I \cos(\overline{\theta}_{hi} - \overline{\varphi}_{ei})}{mL_V l_{di}}, \quad d_h = \frac{mgL_V}{mL_V l_{di} \cos \overline{\varphi}_{ei}} \qquad (6-23)$$

令 $\theta_{hi}^* = A_h \sin(p_H t + \zeta)$，$\varphi_{ei}^* = B_h \sin(p_H t + \zeta)$，将其代入式(6-21)，整理可得

$$\begin{cases} [(b_h - p_H^2) \cdot A_h - a_h p_H^2 \cdot B_h] \sin(p_H t + \zeta) = 0 \\ [(d_h - p_H^2) \cdot B_h - c_h p_H^2 \cdot A_h] \sin(p_H t + \zeta) = 0 \end{cases} \qquad (6-24)$$

要使 A_h 与 B_h 有非零解，需要式(6-24)的系数行列式为 0，即

$$\Delta_h = \begin{vmatrix} b_h - p_H^2 & -a_h p_H^2 \\ -c_h p_H^2 & d_h - p_H^2 \end{vmatrix} = 0 \qquad (6-25)$$

则根据式(6-25)可求得重锤作用下风偏系统两阶固有频率的表达式：

$$p_{H1}^2, \ p_{H2}^2 = \frac{(b_h + d_h)}{2(1 - a_h c_h)} \pm \sqrt{\left[\frac{b_h + d_h}{2(1 - a_h c_h)} \right]^2 - \frac{b_h d_h}{(1 - a_h c_h)}} \qquad (6-26)$$

根据式(6-24)可得响应幅值 A_h 与 B_h 的比例关系，再将通过式(6-26)求得的 p_{H1}，p_{H2} 分别代入，便可得到风偏系统的两阶振型，有

$$\left(\frac{A_h}{B_h} \right)_1 = \frac{a_h p_{H1}^2}{b_h - p_{H1}^2}, \quad \left(\frac{A_h}{B_h} \right)_2 = \frac{a_h p_{H2}^2}{b_h - p_{H2}^2} \qquad (6-27)$$

通过式(6-26)、式(6-27)绘制固有频率与振型随重锤质量变化的关系示意图，如图 6-4 所示。由图 6-4(a)可见，随着重锤质量的增加，风偏系统的一阶固有频率略微上升，二阶固有频率明显向低频区域转移；图 6-4(b)中实线表示绝缘子串的摆动位置，虚线表示虚拟连杆(代表输电导线)的摆动位置，由图可见，重锤作用下绝缘子串风偏系统的一阶振型为绝缘子串与输电导线风偏角度接近的同向摆动，二阶振型为绝缘子串与输电导线的异向摆动，随着重锤质量的增加，两种振型中的风偏幅值均逐步降低，绝缘子串与输电导线的风偏角度差异均逐渐增加。结果表明，重锤质量变化对绝缘子串风偏系统的低阶固有频率影响微弱，对高阶固有频率影响显著，重锤质量越大，风偏系统的高阶振型对风偏响应运动规律的影响就越明显。

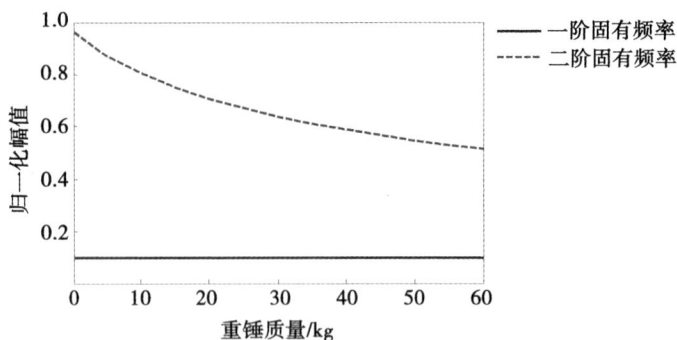

（a）固有频率变化示意图

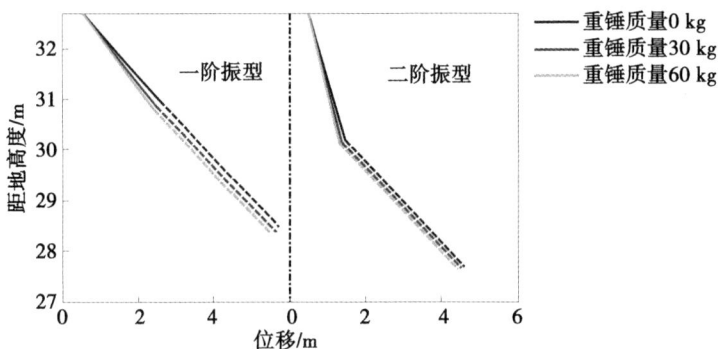

（b）振型示意图

图 6-4　风偏系统模态与重锤质量关系示意图

6.2.4　实例计算分析

在 5.4.3 工程实例的基础上，为对象绝缘子串下端添加重锤，采用有限元模型分别计算重锤质量为 0，30，60 kg 作用下绝缘子串的动态风偏位移响应，并提取不同重锤质量作用下风偏系统的低阶固有频率（以 1 阶固有频率为代表）与高阶固有频率（以 50 阶固有频率为代表），将计算结果汇总至表 6-1 中，并绘制绝缘子串顺风向位移时程曲线，如图 6-5 所示，其中，有限元模型建立方法与脉动风速时程模拟方法同 3.4 节一致，地形粗糙度系数取 0.15，重锤通过 ANSYS 12.0 软件中的 Mass 21 单元进行模拟。

表 6-1　不同重锤质量作用下的风偏系统响应结果与固有频率比较

重锤质量/kg	响应均值/m	响应标准差/m	响应最大值/m	1 阶固有频率/Hz	50 阶固有频率/Hz
0	1.56	0.224	2.02	0.221	2.143
30	1.51	0.227	1.98	0.221	1.422
60	1.46	0.229	1.94	0.222	1.146

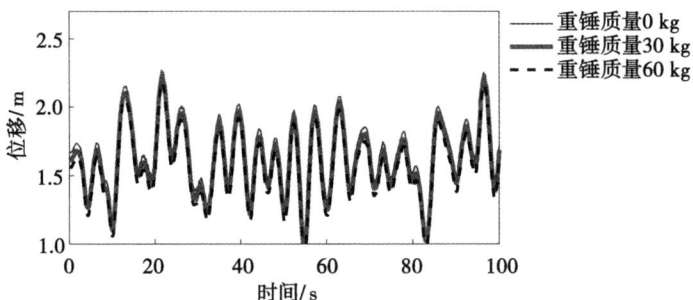

图 6-5　不同重锤质量作用下的绝缘子串风偏位移时程曲线

由表 6-1 与图 6-5 可见,重锤质量越大,绝缘子串的风偏响应均值与最大值越低,由于风偏响应标准差随重锤质量增加而增加,即绝缘子串围绕静态风偏位置往复摆动的幅值增加,风偏响应最大值的下降率低于风偏响应均值,风偏系统的 1 阶固有频率基本不变,50 阶固有频率显著降低,有限元模型计算结果与 6.2.2 节和 6.2.3 节分析结果一致,证明了重锤式防风偏措施动态特性分析的正确性,也说明了通过安装重锤对绝缘子串进行风偏防治,抑制效果有限。

◆◆ 6.3　V 型盘形绝缘子串防风偏措施动态特性及有效性分析

6.3.1　平均风作用下 V 型盘形绝缘子串的风偏构型与临界风速

选取 V 型盘形绝缘子串作为研究对象,采用工程设计中认为的对风偏响应最不利风向进行分析,导线风偏运动与受载对绝缘子串的作用依旧按照 5.4 节研究方法进行处理,即通过绝缘子串两侧导线风偏运动的等效刚杆确立平均作用位置,再将水平档距风载荷 (L_H) 与垂直档距重力载荷 (L_V) 集中施加到该位置,如图 6-6 所示。

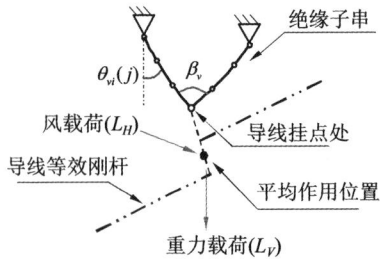

图 6-6　V 型盘形绝缘子串与导线耦合风偏运动示意图

将 V 型串中迎风侧绝缘子串的各片绝缘子从上往下进行 $1 \sim n_I$ 编号,背风侧绝缘子串的各片绝缘子由下往上进行 $n_I + 1 \sim 2n_I$ 编号。令 β_v 为平均风速为 0 时迎风侧绝缘子串与背风侧绝缘子串之间的夹角,即 V 型串的初始构型夹角;$\theta_{vi}(j)$ 为风偏运动中第 j 片绝缘子与竖直方向(z 方向)的逆时针夹角,其包含无风状态下 V 型串构型引起的角度 $\theta_{vi}^s(j)$、平均风偏角 $\overline{\theta}_{vi}(j)$ 与脉动风偏角 $\theta_{vi}^*(j)$,为书写方便,记 $\theta_{vi}^a(j)$ 为绝缘子片与竖直方向的静态角,有 $\theta_{vi}^a(j) = \theta_{vi}^s(j) + \overline{\theta}_{vi}(j)$。

在平均风载荷作用下,对绝缘子串下端连接点处列受力平衡方程,可得

$$\begin{cases} -T_{n_I}\sin\theta_{vi}^a(n_I) + T_{n_I+1}\sin\theta_{vi}^a(n_I+1) + \psi\alpha L_H \overline{V}_{di}^2 = 0 \\ -T_{n_I}\cos\theta_{vi}^a(n_I) + T_{n_I+1}\cos\theta_{vi}^a(n_I+1) + mgL_V = 0 \end{cases} \tag{6-28}$$

式中,T_{n_I},T_{n_I+1} 分别表示第 n_I 片、第 n_I+1 片绝缘子受到的沿轴线方向的作用力。

对第 j 片绝缘子列受力平衡方程,可得

$$\begin{cases} -T_{j-1}\sin\theta_{vi}^a(j-1) + T_j\sin\theta_{vi}^a(j) + \varphi \overline{V}_{li}^2 = 0 \\ -T_{j-1}\cos\theta_{vi}^a(j-1) + T_j\cos\theta_{vi}^a(j) + m_I g = 0 \end{cases} \tag{6-29}$$

式中,$j = 2, \cdots, n_I, n_I+2, \cdots, 2n_I$。

将式(6-28)、式(6-29)中的两组方程逐个相除,再根据 V 型串的几何结构列出 y,z 方向上的几何约束方程,并进行整理,可得

$$\begin{cases} \cot\theta_{vi}^a(j) = \dfrac{T_1\cos\theta_{vi}^a(1)-(j-1)m_Ig}{T_1\sin\theta_{vi}^a(1)-(j-1)\varphi\,\overline{V}_{Ii}^2}, \quad j=2,\cdots,n_I \\[4mm] \cot\theta_{vi}^a(j) = \dfrac{T_1\cos\theta_{vi}^a(1)-(j-2)m_Ig-mgL_V}{T_1\sin\theta_{vi}^a(1)-(j-2)\varphi\,\overline{V}_{Ii}^2-\psi\alpha L_H\,\overline{V}_{di}^2}, \quad j=n_I+1,\cdots,2n_I \\[4mm] l_I\sin\theta_{vi}^a(1)+\cdots+l_I\sin\theta_{vi}^a(n_I)+l_I\sin\theta_{vi}^a(n_I+1)+\cdots+l_I\sin\theta_{vi}^a(2n_I)=L_I \\[2mm] l_I\cos\theta_{vi}^a(1)+\cdots+l_I\cos\theta_{vi}^a(n_I)+l_I\cos\theta_{vi}^a(n_I+1)+\cdots+l_I\cos\theta_{vi}^a(2n_I)=0 \end{cases} \quad (6\text{-}30)$$

式中，L_I 表示迎风侧绝缘子串上端挂点与背风侧绝缘子串上端挂点之间的距离。

式(6-30)为平均风作用下 V 型盘形绝缘子串的静态风偏构型方程组，从该式可以看到，当式中前两个方程被代入后两个方程时，式(6-30)就只含有两个未知数，即 T_1 与 $\theta_{vi}^a(1)$，两个方程，两个未知数，可以求解，求解后再将得到的 T_1，$\theta_{vi}^a(1)$ 代回前两个方程，便可得到 V 型盘形绝缘子串中每片绝缘子的静态角与受力。

由于式(6-30)为二元非线性超越方程组，常规解析解法无法对其求解，因此这里选用易于收敛的数值解法"迭代二分法"[3] 进行计算求解。迭代二分法的本质是一种逐一搜索方法，其先假定一个未知数，然后通过二分法对方程组中第一个方程的另一个未知数进行求解，再将得到的解代入方程组中第二个方程，观察是否满足设定的等式误差，若不满足，则给定一个步长，继续迭代求解。二元非线性超越方程组的迭代二分法计算流程如图 6-7 所示。

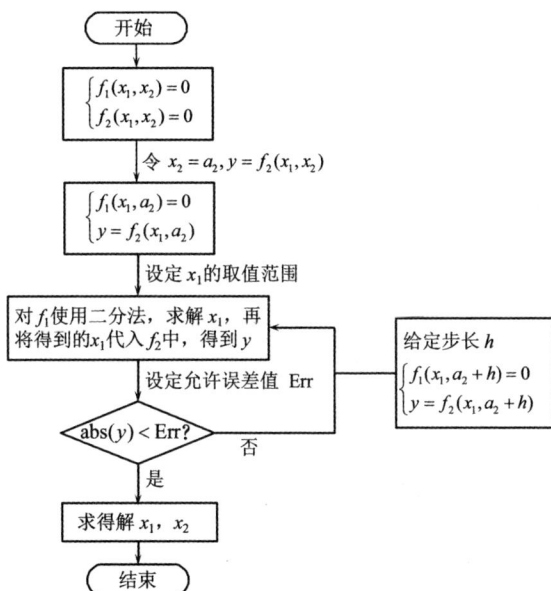

图 6-7　二元方程组的迭代二分法计算流程图

以 5.4.3 实例为工程背景，将对象绝缘子串改造成 V 型串，迎风侧与背风侧绝缘子串均为 U160B 盘形绝缘子串，V 型串初始构型夹角 β_v 为 90°，其余参数不变，绘制不同基准风速下 V 型串的静态风偏构型，并选取第 1 片、第 14 片、第 15 片、第 28 片绝缘子为分析对象，绘制其受力变化曲线，如图 6-8 所示。

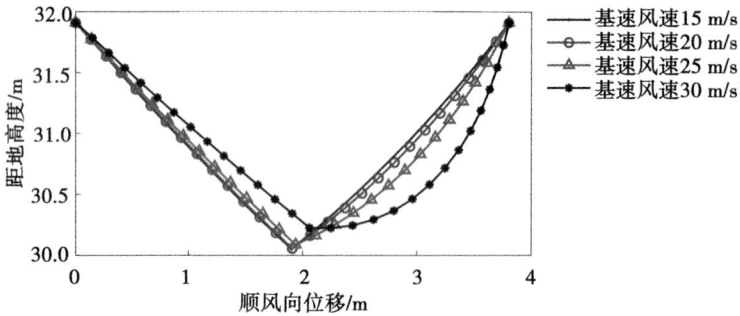

（a）静态风偏构型

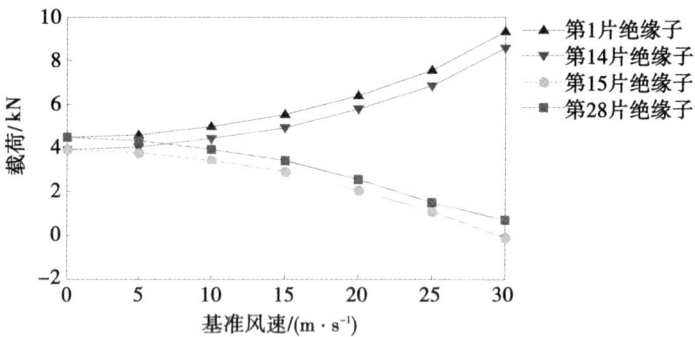

（b）绝缘子受力变化曲线

图 6-8　平均风载荷作用下 V 型串风偏构型与绝缘子受载变化

由图 6-8 可见，随着平均风速的增加，V 型串中迎风侧绝缘子串发生顺风向偏转，各片绝缘子基本处于同一直线，背风侧绝缘子串发生凹型变形，下端绝缘子的静态角逐渐变小，形态逐渐"放平"；第 1 片、第 14 片绝缘子分别为迎风侧绝缘子串最上端与最下端的绝缘子，其受载随平均风速的增加而增加，第 15 片、第 28 片绝缘子分别为背风侧绝缘子串最下端与最上端的绝缘子，其受载随平均风速的增加而减小。在本例中，当基准风速为 30 m/s 时，背风侧绝缘子串最下端绝缘子(第 15 片绝缘子)的受载变为负值，意味着此时该片绝缘子承受了压力，由于盘形绝缘子串各片绝缘子通过球窝连接，受压时易发生连接处脱落掉串,因此,当基准风速不小于 30 m/s 时,背风侧绝缘子串存在脱落掉串的风险,且随着风速的增加,承受压力的绝缘子变多,脱落掉串的风险增大。

　　根据以上分析可知,V 型盘形绝缘子串防风偏措施存在一个临界风速,当来流风的基准风速超过临界风速时,背风侧绝缘子承受压力,V 型盘形绝缘子串便存在掉串风险。为探索 V 型串初始构型与临界风速的变化关系,改变 V 型串的初始构型夹角 β_v,绘制不同基准风速下背风侧绝缘子串最下端绝缘子(第 15 片绝缘子)的受力变化曲线,如图 6-9(a)所示,并绘制绝缘子串下端导线挂点处的顺风向位移变化曲线,观察 V 型串初始构型夹角与临界风速对平均风偏位移的影响,如图 6-9(b)所示。

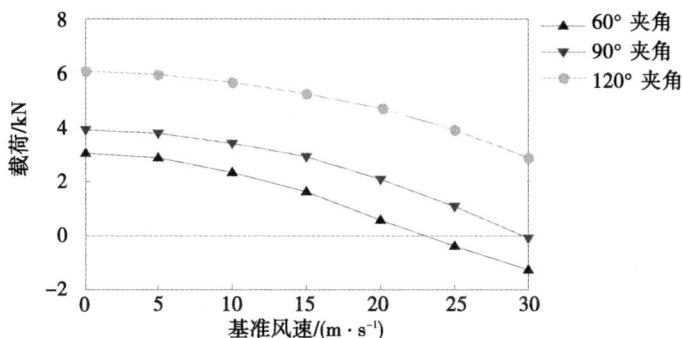

(a)第 15 片绝缘子受力变化曲线

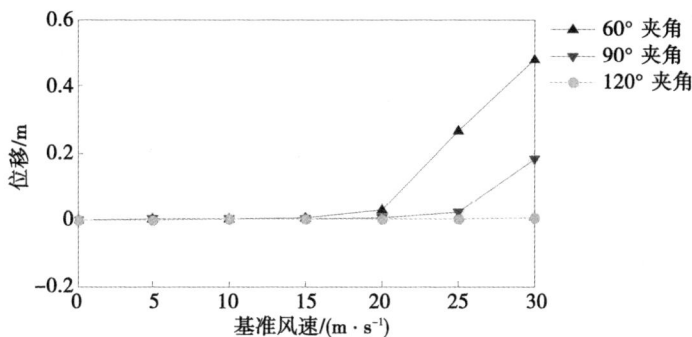

(b)导线挂点处顺风向位移变化曲线

图 6-9　V 型串初始构型夹角对绝缘子受载与平均风偏位移的影响

由图 6-9(a)可见，V 型串初始构型夹角越大，背风侧绝缘子串最下端绝缘子受到的载荷就越大，且随着初始构型夹角的增加，该绝缘子变为受压状态所需的基准风速也随之增加，即 V 型串初始构型夹角与临界风速成正比；由图 6-9(b)可见，在临界风速以内，V 型盘形绝缘子串下端导线挂点处的平均风偏位移变化平缓，幅值接近 0，到达临界风速后，导线挂点处的平均风偏位移显著增大，且 V 型串初始构型夹角越小，其平均风偏位移幅值越大。

综上所述，V 型盘形绝缘子串的初始构型夹角越大，其对应的临界风速就越大，导线挂点处的平均风偏位移就越小。

6.3.2 V 型盘形绝缘子串与导线耦合风偏运动的动力学方程

按照 V 型盘形绝缘子串的结构直接建立计算方程，会使刚度矩阵存在奇异性，为此需要对 V 型盘形绝缘子串进行模型等效。结合工程实际，考虑到 V 型盘形绝缘子串防风偏措施的实质是通过对单串绝缘子串下端施加外部约束，即斜拉一串绝缘子串，限制导线挂点处的风偏位移，因此，可以将斜拉绝缘子串对原绝缘子串的作用替换为 y, z 方向上的两个等效弹簧，如图 6-10 所示，进而建立 V 型盘形绝缘子串与导线耦合风偏运动的动力学方程。

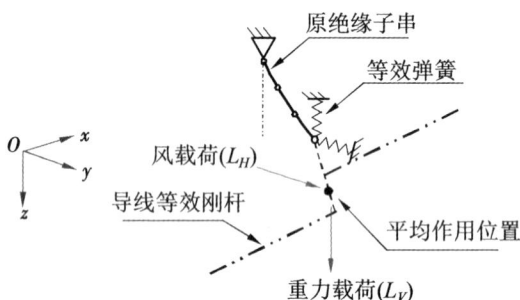

图 6-10　V 型盘形绝缘子串防风偏措施模型等效示意图

结合 6.3.1 分析结果，根据力的相互作用可知，风速变化引起的斜拉绝缘子串(背风侧绝缘子串)对原绝缘子串(迎风侧绝缘子串)的作用力是非线性的，因此，等效弹簧对绝缘子串下端的作用力可以分为平均风作用下的恒力 $\bar{T}_y$, $\bar{T}_z$ 与脉动风作用下的变力 $\widetilde{T}_y(v)$, $\widetilde{T}_z(w)$。其中，恒力的表达式为

$$\begin{cases} \overline{T}_y = T_{n_I+1}\sin\theta_{vi}^a(n_I+1) \\ \overline{T}_z = T_{n_I+1}\cos\theta_{vi}^a(n_I+1) \end{cases} \tag{6-31}$$

变力的表达式为

$$\begin{cases} \widetilde{T}_y(v) = K_1^y v^3 + K_2^y v^2 + K_3^y v + K_4^y \\ \widetilde{T}_z(w) = K_1^z w^3 + K_2^z w^2 + K_3^z w + K_4^z \end{cases} \tag{6-32}$$

式中，v，w 分别为 y，z 方向上等效弹簧的变形量，系数 $K_1^y \sim K_4^y$，$K_1^z \sim K_4^z$ 可以通过拟合绝缘子串下端风偏位移幅值与平均风速的变化关系曲线得到。

以静态风偏位置为初始计算条件，在脉动风载荷作用下，原绝缘子串各片绝缘子在 y，z 方向上的位移分别为

$$v_{Ivi}^*(j) = l_I \left[\frac{\sin(\theta_{vi}^a(j) + \theta_{vi}^*(j)) - \sin\theta_{vi}^a(j)}{2} + \sum_{r=1}^{j-1} (\sin(\theta_{vi}^a(r) + \theta_{vi}^*(r)) - \sin\theta_{vi}^a(r)) \right] \tag{6-33}$$

$$w_{Ivi}^*(j) = l_I \left[\frac{\cos(\theta_{vi}^a(j) + \theta_{vi}^*(j)) - \cos\theta_{vi}^a(j)}{2} + \sum_{r=1}^{j-1} (\cos(\theta_{vi}^a(r) + \theta_{vi}^*(r)) - \cos\theta_{vi}^a(r)) \right] \tag{6-34}$$

导线等效刚杆平均作用位置处在 y，z 方向上的位移分别为

$$v_{dvi}^* = l_I \sum_{r=1}^{n_I} (\sin(\theta_{vi}^a(r) + \theta_{vi}^*(r)) - \sin\theta_{vi}^a(r)) + l_{di} \cdot (\sin(\overline{\varphi}_{ei} + \varphi_{ei}^*) - \sin\overline{\varphi}_{ei}) \tag{6-35}$$

$$w_{dvi}^* = -l_I \sum_{r=1}^{n_I} (\cos\theta_{vi}^a(r) - \cos(\theta_{vi}^a(r) + \theta_{vi}^*(r))) - l_{di} \cdot (\cos\overline{\varphi}_{ei} - \cos(\overline{\varphi}_{ei} + \varphi_{ei}^*)) \tag{6-36}$$

以静态风偏位置为势能原点，原绝缘子串的势能与动能表达式分别为

$$U_{Ii}^v = -\sum_{j=1}^{n_I} (w_{Ivi}^*(j) \cdot m_I g + v_{Ivi}^*(j) \cdot \varphi \overline{V}_{Ii}^2) - w_{Ivi}^*(n_I) \cdot \overline{T}_z - \tag{6-37}$$

$$v_{Ivi}^*(n_I) \cdot \overline{T}_y - \int_0^{w_{Ivi}^*(n_I)} \widetilde{T}_z(w) \, \mathrm{d}w - \int_0^{v_{Ivi}^*(n_I)} \widetilde{T}_y(v) \, \mathrm{d}v$$

$$T_{Ii}^v = \frac{1}{2} m_I \sum_{j=1}^{n_I} ((\dot{w}_{Ivi}^*(j))^2 + (\dot{v}_{Ivi}^*(j))^2) \tag{6-38}$$

导线等效刚杆平均作用位置处的势能与动能表达式分别为

$$U_i^v = -w_{dvi}^* \cdot mgL_V - v_{dvi}^* \cdot \psi\alpha \overline{V}_{di}^2 L_H \tag{6-39}$$

$$T_i^w = \frac{1}{2}mL_V\left[(\dot{w}_{dvi}^*)^2 + (\dot{v}_{dvi}^*)^2\right] \tag{6-40}$$

式中，$\dot{v}_{Ivi}^*(j)$，$\dot{w}_{Ivi}^*(j)$ 与 $\dot{v}_{dvi}^*$，$\dot{w}_{dvi}^*$ 分别为第 j 片绝缘子与导线等效刚杆平均作用位置处在 y，z 方向上的速度。

当第 j 片绝缘子的脉动风偏角 $\theta_{vi}^*(j)$ 有角度虚位移 $\delta\theta_{vi}^*(j)$ 时，可通过虚功计算得到第 j 片绝缘子受到的风偏系统广义非有势力：

$$Q_\theta^v(j) = \varphi\,\overline{V}_I\left(\sum_{r=j}^{n_I}(2V_{Ii}^* - 2\ddot{v}_{vi}^*(r)) \cdot \delta v_{Ivi}^*\big|_\theta - \sum_{r=j}^{n_I}\dot{w}_{vi}^*(r) \cdot \delta w_{Ivi}^*\big|_\theta\right)/\delta\theta_{vi}^*(j) +$$

$$\psi\alpha L_H\,\overline{V}_{di}\left[2(V_{di}^* - \ddot{v}_{dvi}^*) \cdot \delta v_{Ivi}^*\big|_\theta - \dot{w}_{dvi}^* \cdot \delta w_{Ivi}^*\big|_\theta\right]/\delta\theta_{vi}^*(j) \tag{6-41}$$

式中，$\delta v_{Ivi}^*\big|_\theta$ 与 $\delta w_{Ivi}^*\big|_\theta$ 为第 j 片绝缘子下方各片绝缘子质心在 y，z 方向的虚位移。

当绝缘子串下端虚拟连杆的脉动风偏角 φ_{ei}^* 有角度虚位移 $\delta\varphi_{ei}^*$ 时，可通过虚功计算得到虚拟连杆受到的风偏系统广义非有势力：

$$Q_\varphi^v = \psi\alpha L_H\,\overline{V}_{di}l_{di}\left[2(V_{di}^* - \dot{v}_{dvi}^*) \cdot \cos(\overline{\varphi}_{ei}+\varphi_{ei}^*) + \dot{w}_{dvi}^* \cdot \sin(\overline{\varphi}_{ei}+\varphi_{ei}^*)\right] \tag{6-42}$$

将风偏系统的动能、势能与广义非有势力代入拉格朗日方程，经过整理可以列出 V 型盘形绝缘子串与导线耦合风偏运动的动力学方程为

$$\begin{bmatrix}\boldsymbol{\Lambda}_{vi}^m & \boldsymbol{E}_{vi}^m \\ \boldsymbol{\Lambda}_{v\varphi i}^m & E_{d\varphi i}^m\end{bmatrix}\begin{bmatrix}\ddot{\boldsymbol{\theta}}_{vi}^* \\ \ddot{\boldsymbol{\varphi}}_{ei}^*\end{bmatrix} + \begin{bmatrix}\boldsymbol{\Lambda}_{vi}^c & \boldsymbol{E}_{vi} \\ \boldsymbol{\Lambda}_{v\varphi i}^c & E_{d\varphi i}^c\end{bmatrix}\begin{bmatrix}\dot{\boldsymbol{\theta}}_{vi}^* \\ \dot{\boldsymbol{\varphi}}_{ei}^*\end{bmatrix} + \begin{bmatrix}\boldsymbol{\Lambda}_{vi}^k & \\ & \Lambda_{d\varphi i}^k\end{bmatrix}\begin{bmatrix}\boldsymbol{\theta}_{vi}^* \\ \varphi_{ei}^*\end{bmatrix} = \begin{bmatrix}\boldsymbol{F}_{vi}^w \\ F_{di}^\varphi\end{bmatrix}$$

$$\tag{6-43}$$

式中，粗斜体项表示矩阵，各个元素的表达式详见附录Ⅳ。

6.3.3 V 型盘形绝缘子串风偏系统的幅频特性

采用随高度变化的 Kaimal 风速谱作为脉动风输入谱，研究 V 型盘形绝缘子串风偏响应系统的幅频特性与输出谱。由图 6-8 可知，不同风速作用下原绝缘子串（迎风侧绝缘子串）的各片绝缘子基本处于同一直线，因此可以采用一个统一的角度 θ_{vi} 表示原绝缘子串的整体风偏运动，进而将式（6-43）简化为两自

由度的耦合风偏运动方程，以揭示 V 型盘形绝缘子串风偏系统的本质特性。

V 型盘形绝缘子串风偏摆动受到的脉动风激扰力的自功率谱为

$$S(\omega)\big|_v = (2\psi\alpha L_H \overline{V}_{di}\cos\theta_{vi}^a)^2 \cdot S_K^*(\omega) \tag{6-44}$$

式中，θ_{vi}^a 表示 V 型串中原绝缘子串整串与竖直方向的静态角。

通过频率响应法与随机激励响应关系理论，根据式(6-43)、式(6-44)可以得到 V 型盘形绝缘子串风偏响应系统对应于脉动风速谱的输出谱 $S_\theta^v(\omega)$ 与幅频特性函数 $|H_\theta^v(\omega)|$，其表达式分别为

$$S_\theta^v(\omega) = \frac{(2\psi\alpha L_H \overline{V}_{di}\cos\theta_{vi}^a)^2 (\lambda_4^v - \lambda_2^v)^2}{[(\lambda_1^v + \kappa_v)\lambda_4^v - \lambda_2^v\lambda_3^v]^2} \cdot S_K^*(\omega) \tag{6-45}$$

$$|H_\theta^v(\omega)| = \frac{2\psi\alpha L_H \overline{V}_{di}\cos\theta_{vi}^a(\lambda_4^v - \lambda_2^v)}{(\lambda_1^v + \kappa_v)\lambda_4^v - \lambda_2^v\lambda_3^v} \tag{6-46}$$

式中，λ_1^v，λ_2^v，λ_3^v，λ_4^v 为函数式，κ_v 为等效弹簧对原绝缘子串的作用参数，有

$$\lambda_1^v = -\omega^2(mL_V + n_1 m_1/4)n_1 l_1 + j\omega\psi\alpha L_H \overline{V}_{di} n_1 l_1(\cos^2\theta_{vi}^a + 1) + \tag{6-47}$$
$$(mL_V + n_1 m_1/2)g/\cos\theta_{vi}^a$$

$$\lambda_2^v = -\omega^2 mL_V l_{di}\cos(\theta_{vi}^a - \overline{\varphi}_{ei}) + j\omega\psi\alpha L_H \overline{V}_{di} l_{di}(2\cos\theta_{vi}^a\cos\overline{\varphi}_{ei} + \sin\theta_{vi}^a\sin\overline{\varphi}_{ei}) \tag{6-48}$$

$$\lambda_3^v = n_1 l_1\{-\omega^2 mL_V\cos(\theta_{vi}^a - \overline{\varphi}_{ei}) + j\omega\psi\alpha L_H \overline{V}_{di}(2\cos\theta_{vi}^a\cos\overline{\varphi}_{ei} + \sin\theta_{vi}^a\sin\overline{\varphi}_{ei})\} \tag{6-49}$$

$$\lambda_4^v = -\omega^2 mL_V l_{di} + j\omega\psi\alpha L_H \overline{V}_{di} l_{di}(\cos^2\overline{\varphi}_{ei} + 1) + mgL_V/\cos\overline{\varphi}_{ei} \tag{6-50}$$

$$\kappa_v = \overline{T}_z/\cos\theta_{vi}^a - (n_1 l_1 K_3^z \sin^2\theta_{vi}^a - K_4^z\cos\theta_{vi}^a) - (n_1 l_1 K_3^y \cos^2\theta_{vi}^a - K_4^y\sin\theta_{vi}^a) \tag{6-51}$$

通过式(3-92)、式(6-45)与式(6-46)绘制 Kaimal 脉动风速谱 $S_K^*(\omega)$、幅频特性函数 $|H_\theta^v(\omega)|$ 与风偏响应输出谱 $S_\theta^v(\omega)$ 之间的关系示意图，如图 6-11 所示。

由图 6-11 可见，V 型盘形绝缘子串风偏响应系统幅频特性曲线出现两个峰值，其中高阶固有频率 p_{H2} 处对应的曲线峰值更高，但由于 Kaimal 脉动风输入谱的峰值只存在于低阶频率处，因此，同图 6-2 一样，输出谱的峰值只出现在接近 0 频率处与低阶固有频率的 p_{H1} 处。

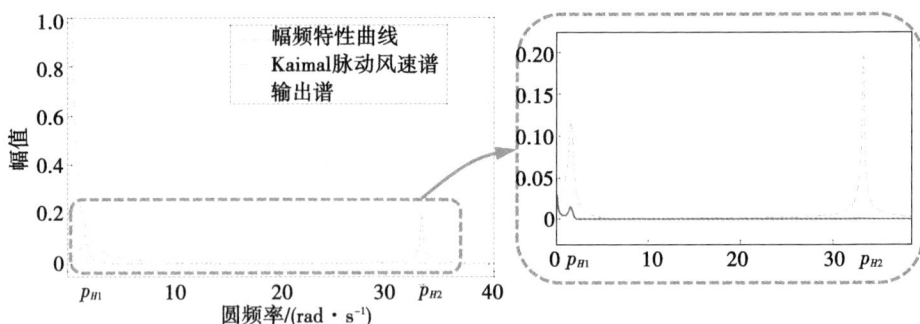

图 6-11 V 型盘形绝缘子串风偏系统三种曲线的关系示意图

根据图 6-11，可将 V 型盘形绝缘子串风偏响应输出谱的均方值近似写为

$$\psi_\theta^2 \big|_v = \left\{ \left| H_\theta^v(\omega) \right|^2 \cdot S_K^*(\omega) \big| \omega = p_{H1} \right\} + \left\{ \left| H_\theta^v(\omega) \right|^2 \cdot S_K^*(\omega) \big| \omega \to 0 \right\}$$

$$(6-52)$$

初始构型夹角 β_v 是工程人员构建 V 型盘形绝缘子串防风偏措施的关键参数，其并不显含于式(6-52)，而是通过静态角 θ_{vi}^a 与作用参数 κ_v 影响输出谱的均方值。由于静态角 θ_{vi}^a、作用参数 κ_v 中的 $\overline{T}_z$，K_3^γ，K_4^γ，K_3^z，K_4^z 均是通过迭代二分法或曲线拟合等方法得到的，不能直观展现 θ_{vi}^a，κ_v 与 β_v 的数学关系，因此，需要改变 β_v，对 V 型盘形绝缘子串风偏系统进行多次计算，进而归纳得到 θ_{vi}^a，κ_v 与 β_v 的变化关系曲线，如图 6-12 所示。

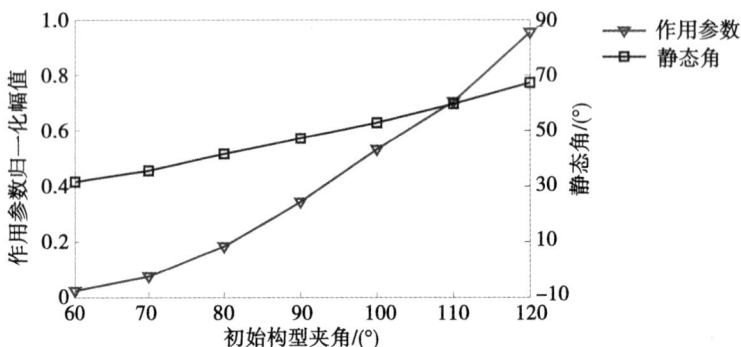

图 6-12 静态角与作用参数随初始构型夹角变化示意图

将 $\psi_\theta^2 \big|_v$ 分别对静态角 θ_{vi}^a、作用参数 κ_v 求偏导，可得

$$\partial \psi_\theta^2 \big|_v / \partial \theta_{vi}^a < 0, \ \partial \psi_\theta^2 \big|_h / \partial \kappa_v < 0 \qquad (6-53)$$

由式(6-53)可见，V 型盘形绝缘子串风偏系统输出谱的均方值 $\psi_\theta^2\big|_v$ 是静态角 θ_{vi}^a、作用参数 κ_v 的单调减函数，即 $\psi_\theta^2\big|_v$ 与 θ_{vi}^a、κ_v 均成反比例关系。

由图 6-12 可见，随着 V 型串初始构型夹角 β_v 的增加，静态角 θ_{vi}^a 与作用参数 κ_v 均单调增加，即 β_v 与 θ_{vi}^a、κ_v 成正比例关系。至此，结合式(6-53)便可以得知，输出谱均方值 $\psi_\theta^2\big|_v$ 与初始构型夹角 β_v 成反比例关系，即 V 型盘形绝缘子串的初始构型夹角越大，绝缘子串的风偏摆动幅值越小。

已知临界风速内 V 型盘形绝缘子串下端导线挂点处的风偏均值接近 0，且 V 型盘形绝缘子串初始构型夹角越大，其对应的临界风速就越大，绝缘子串的风偏摆动幅值就越小，由此说明，V 型盘形绝缘子串防风偏措施可以有效抑制绝缘子串的风偏幅值，预防风偏闪络事故的发生。考虑到 V 型盘形绝缘子串初始构型夹角越大，其与铁塔横担的电气间隙越小，所需横担长度越长，绝缘子受载越大，因此在实际工程中需要根据具体情况合理选择初始构型夹角。

6.3.4　V 型盘形绝缘子串风偏系统的模态特性

为计算 V 型盘形绝缘子串两自由度风偏系统的模态振型，可根据式(6-46)对式(6-43)进行整理，有

$$\begin{cases} \ddot{\boldsymbol{\theta}}_{vi}^* + a_v \cdot \ddot{\boldsymbol{\varphi}}_{ei}^* + b_v \cdot \boldsymbol{\theta}_{vi}^* = 0 \\ \ddot{\boldsymbol{\varphi}}_{ei}^* + c_v \cdot \ddot{\boldsymbol{\theta}}_{vi}^* + d_v \cdot \boldsymbol{\varphi}_{ei}^* = 0 \end{cases} \tag{6-54}$$

式中，a_v，b_v，c_v，d_v 为计算系数，其表达式分别

$$a_v = \frac{mL_V l_{di} \cos(\theta_{vi}^a - \overline{\varphi}_{ei})}{(mL_V + n_I m_I/4)\, n_I l_I}, \quad b_v = \frac{(mL_V + n_I m_I/2)\, g + \kappa_v \cos\theta_{vi}^a}{(mL_V + n_I m_I/4)\, n_I l_I \cos\theta_{vi}^a} \tag{6-55}$$

$$c_v = \frac{mL_V n_I l_I \cos(\theta_{vi}^a - \overline{\varphi}_{ei})}{mL_V l_{di}}, \quad d_v = \frac{mgL_V}{mL_V l_{di} \cos\overline{\varphi}_{ei}} \tag{6-56}$$

与 6.2.3 方法一致，将 $\theta_{vi}^* = A_v \sin(p_H t + \zeta)$，$\varphi_{ei}^* = B_v \sin(p_H t + \zeta)$ 代入式(6-54)中，并令其系数行列式为 0，则可得

$$\Delta_v = \begin{vmatrix} b_v - p_H^2 & -a_v p_H^2 \\ -c_v p_H^2 & d_v - p_H^2 \end{vmatrix} = 0 \tag{6-57}$$

则根据式(6-57)可求得 V 型盘形绝缘子串风偏系统的两阶固有频率：

$$p_{H1}^2,\, p_{H2}^2 = \frac{b_v + d_v}{2(1 - a_v c_v)} \pm \sqrt{\left[\frac{b_v + d_v}{2(1 - a_v c_v)}\right]^2 - \frac{b_v d_v}{1 - a_v c_v}} \tag{6-58}$$

V 型盘形绝缘子串风偏系统的两阶振型为

$$\left(\frac{A_v}{B_v}\right)_1 = \frac{a_v p_{H1}^2}{b_v - p_{H1}^2}, \quad \left(\frac{A_v}{B_v}\right)_2 = \frac{a_v p_{H2}^2}{b_v - p_{H2}^2} \tag{6-59}$$

通过式(6-58)、式(6-59)绘制固有频率与振型随静态角 θ_{vi}^a、作用参数 κ_v 变化的关系示意图，如图 6-13 所示，从而分析初始构型夹角 β_v 对 V 型盘形绝缘子串风偏系统模态特性的影响。

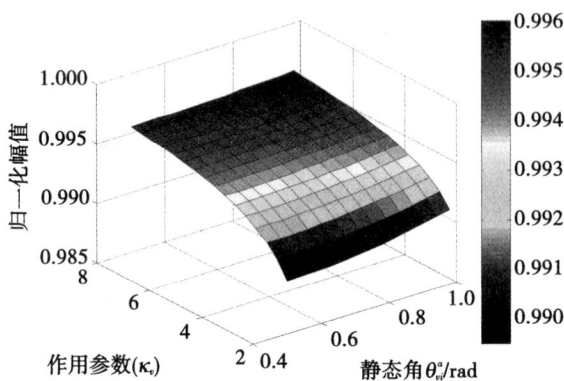

（a）一阶固有频率变化关系三维图

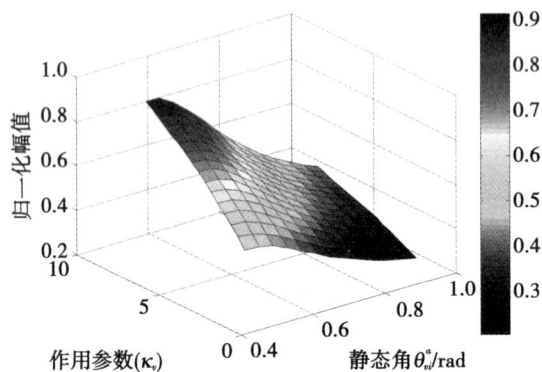

（b）二阶固有频率变化关系三维图

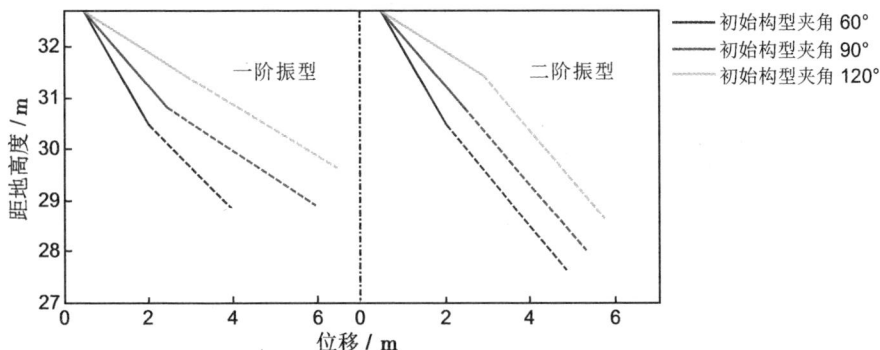

（c）振型示意图

图 6-13　风偏系统模态与初始构型夹角关系示意图

由图 6-13 可见，随着静态角与作用参数的共同增大，V 型盘形绝缘子串风偏系统的一阶固有频率呈现幅值微小的上升趋势，二阶固有频率呈现幅值明显的下降趋势，由于已知 β_v 与 θ_{vi}^a、κ_v 成正比例关系，因此可知初始构型夹角 β_v 与 V 型盘形绝缘子串风偏系统的低阶固有频率成幅值变化微弱的正比例关系，与高阶固有频率成幅值变化显著的反比例关系；V 型盘形绝缘子串风偏系统的一阶振型为原绝缘子串与输电导线的同向摆动，二阶振型为原绝缘子串与输电导线的异向摆动。随着初始构型夹角的增大，一阶振型中同向摆动逐渐减弱，二阶振型中异向摆动逐渐明显，说明初始构型夹角越大，V 型盘形绝缘子串风偏系统的高阶振型对风偏响应运动规律的影响就越大。

6.3.5　实例计算分析

以改造成 V 型串的 5.4.3 工程实例为分析对象，采用有限元模型分别计算初始构型夹角为 60°，90°，120°条件下绝缘子串下端导线挂点处的动态风偏位移响应，并提取不同夹角条件下风偏系统的低阶固有频率（以 1 阶固有频率为代表）与高阶固有频率（以 50 阶固有频率为代表），将计算结果汇总至表 6-2 中，并绘制导线挂点处顺风向位移时程曲线，如图 6-14 所示。需要说明的是，若直接计算多个杆单元连接构成的 V 型绝缘子串有限元模型，会造成计算结果的不收敛，因此，需采用文献[4]中提出的解决类似问题的方法进行处理，即对 V 型绝缘子串模型中每个单元指定拉伸初应变（由静态分析获得），从而避免模型刚度矩阵出现奇异。

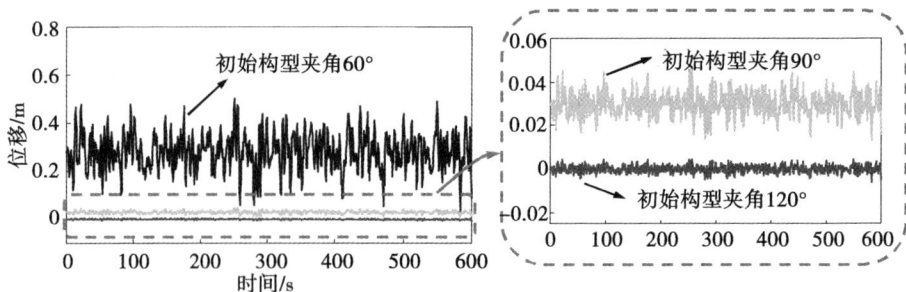

图 6-14 不同初始构型夹角条件下导线挂点处顺风向位移时程曲线

表 6-2 不同初始构型夹角条件下风偏系统响应结果与固有频率比较

构型夹角/(°)	响应均值 /m	响应标准 差/m	响应最大 值/m	1 阶固有 频率/Hz	50 阶固有 频率/Hz
60	$2.80×10^{-1}$	0.075	0.503	0.248	7.033
90	$3.30×10^{-2}$	0.005	0.046	0.265	6.878
120	$1.09×10^{-5}$	0.001	0.004	0.267	5.784

由图 6-14 与表 6-2 可见,在 25 m/s 基准风速作用下,初始构型夹角为 60° 的 V 型串下端导线挂点处发生明显位移,但随着初始构型夹角的增大,导线挂点处风偏响应均值迅速趋于 0,风偏响应标准差与最大值显著减小,风偏系统的一阶固有频率略微增加,50 阶固有频率明显降低,有限元模型计算结果验证了 V 型盘形绝缘子串防风偏措施动态特性分析的正确性,也说明了在临界风速内,V 型盘形绝缘子串防风偏措施对绝缘子串下端导线挂点处的风偏位移抑制效果显著。

◆◆ 6.4 本章小结

本章采用多刚体系统动力学思路,通过建立两种典型防风偏措施作用下绝缘子串与输电导线耦合风偏运动的动力学方程,结合系统幅频特性与响应输出谱,得到了响应幅值、系统模态与防风偏措施关键参数之间的变化关系,分析了两种典型防风偏措施的动态特性与有效性,并通过实例计算验证了分析结果的正确性。

◆◇ 参考文献

［1］　严波,林雪松,罗伟,等.绝缘子串风偏角风荷载调整系数的研究［J］.工程力学,2010,27(1):221-227.

［2］　张相庭.结构风工程［M］.北京:中国建筑工业出版社,2006.

［3］　张飞飞.结构可靠度指标数值计算方法研究［D］.唐山:河北理工大学,2010.

［4］　MCCLURE G, LAPOINTE M. Modeling the structural dynamic response of overhead transmission lines［J］.Computers and structures,2003,81(8):825-834.

第7章 架空线路相间导线非同期偏摆运动研究

◆◇ 7.1 引 言

　　大风作用下导线风致偏摆运动造成的闪络现象，不仅存在于导线与铁塔、树木之间，也存在于不同相导线之间，这种情况尤以紧凑型架空线路最为显著[1]。

　　架空导线非同期偏摆的主要表现是不同相导线动态风偏摆动存在相位差。为此，有学者从来流风不同步作用于各相导线的角度探究造成架空导线非同期偏摆的原因，孙保强等[2]认为，由于不同相导线间存在水平间距，风将不同步地相继吹至各相导线，风载荷作用于各相导线存在时间差，因此产生了导线非同期偏摆。也有学者认为，迎风相导线对背风相导线的风压屏蔽作用是架空线非同期偏摆的主要原因，刘竹丽等[3]通过流场计算多分裂导线的扰流特性，得到迎风相导线对背风相导线的风压屏蔽系数，进而求得两相导线受到的风载荷，模拟导线的非同期偏摆运动。上述研究思路多从来流风对导线的作用入手，分析架空导线非同期偏摆的原因，所建模型能在一定程度上反映不同相导线的非同期偏摆特性。然而，除脉动风载荷直接作用于导线能影响架空导线动态风致响应，导线档端的激励也会影响导线风致响应特性[4-6]。

　　为揭示档端位移激励对架空导线非同期偏摆的影响规律，从新角度探究架空导线非同期偏摆的机理，本章首先以典型铁塔为研究对象，分析大风作用下典型铁塔的动态响应与导线档端位移激励的可能产生情况；其次以一档紧凑型架空线路为研究对象，以档端横向位移激励为研究切入点，不考虑风的相继作用与导线的屏蔽作用，建立大风工况下存在档端位移激励的架空导线动态风偏响应模型。为使计算结果具有一般性意义，推导得出在档端横向简谐位移激励下, 架空导线在风偏均值处强迫响应的非线性渐进解, 直观地展现了档端激励与导线响应之间的数学关系, 进而观察主共振与亚谐共振对架空导线风偏响应幅值的影响, 讨论档端激励幅值与架空导线结构参数对导线非同期偏摆响应特性的变化关系。该研究既为理解架空导线非同期偏摆的机理提供了一条新思路, 也为架空线路动态风偏的设计、运行维护以及有效防治提供了一条新途径。

◇ 7.2　典型输电铁塔模型建立与动力学响应特性分析

7.2.1　典型输电铁塔的计算模型

对输电铁塔进行结构动力学特性分析时, 需要建立合理的计算模型。首先, 根据输电铁塔相关资料, 得到输电铁塔各节点的坐标, 进而在 ANSYS 软件中建立输电铁塔的各节点; 其次, 对输电铁塔上的所有角钢建立相应的单元, 不同的角钢对应单元的实常数和材料参数不同, 并且一般将铁塔主材和一部分横隔材设置为梁单元, 斜材设置为杆单元, 考虑到输电铁塔的辅材大多为“零力杆”, 并且对铁塔强度的影响不大, 所以不建立输电铁塔的辅材; 再次, 根据输电铁塔相关资料上标注的两节点间的角钢型号, 在两节点间建立相应的单元; 最后, 建立好整体输电铁塔模型后, 在塔脚处的四个节点上加全约束。至此, 完成整塔的计算模型的建立。

下面以两种典型输电铁塔(干字型、猫头型)为例进行计算模型的建立。

7.2.1.1　干字型输电铁塔计算模型建立

将干字型输电铁塔模型设置 164 个节点, 452 个单元。其中, 梁单元设置为 BEAM188 单元, 杆单元设置为 LINK8 单元, 角钢材料为 Q345, 单元实常数设置如表 7-1 所示。

表 7-1　干字型输电铁塔单元实常数设置

编号	实常数					角钢型号
	截面积/m²	参数 1/m	参数 2/m	参数 3/m	参数 4/m	
1	0.001724	0.110	0.110	0.008	0.008	L110 * 8
2	0.001564	0.100	0.100	0.008	0.008	L100 * 8
3	0.00094	0.080	0.080	0.006	0.006	L80 * 6

表7-1(续)

编号	实常数					角钢型号
	截面积/m²	参数1/m	参数2/m	参数3/m	参数4/m	
4	0.000741	0.075	0.075	0.005	0.005	L75 * 5
5	0.001230	0.090	0.090	0.007	0.007	L90 * 7
6	0.000688	0.070	0.070	0.005	0.005	L70 * 5
7	0.000614	0.063	0.063	0.005	0.005	L63 * 5
8	0.000614	0	0	0	0	L63 * 5

表中，截面积单位 m²；参数 1，2 分别指 L 型角钢的两边肢宽，参数 3，4 分别指 L 型角钢的两边肢厚，单位为 m；对双拼角钢的处理为单元截面积设置成单根角钢的两倍，肢宽设置不变，肢厚设置为单根角钢的 2 倍。

干字型输电铁塔实际结构与计算模型如图 7-1 所示。

(a)输电铁塔实际结构　　　　　(b)输电铁塔计算模型

图 7-1　干字型输电铁塔

7.2.1.2　猫头型输电铁塔计算模型建立

将猫头型输电铁塔模型设置 179 个节点，511 个单元。其中，梁单元设置为 BEAM188 单元，杆单元设置为 LINK8 单元，角钢材料为 Q345，单元实常数设置如表 7-2 所示。

表 7-2　猫头型输电铁塔单元实常数设置

编号	实常数					角钢型号
	截面积/m^2	参数 1/m	参数 2/m	参数 3/m	参数 4/m	
1	0.001230	0.090	0.090	0.007	0.007	L90 * 7
2	0.000940	0.080	0.080	0.006	0.006	L80 * 6
3	0.000880	0.075	0.075	0.006	0.006	L75 * 6
4	0.000614	0.063	0.063	0.005	0.005	L63 * 5
5	0.000542	0.056	0.056	0.005	0.005	L56 * 5
6	0.000542	0	0	0	0	L56 * 5

猫头型输电铁塔实际结构与计算模型如图 7-2 所示。

(a)输电铁塔实际结构　　　　(b)输电铁塔计算模型

图 7-2　猫头型输电铁塔

通过施加重力载荷及其他对称力载荷来验证所建计算模型的正确性,如图 7-3 所示。

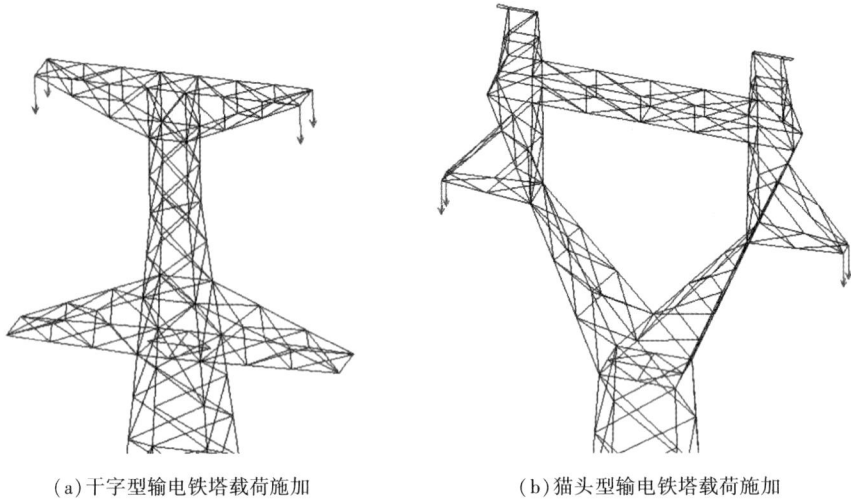

（a）干字型输电铁塔载荷施加 　　　　　　 （b）猫头型输电铁塔载荷施加

图 7-3　施加重力载荷与对称载荷示意图

从计算结果可知，当只有重力时，四个塔腿的轴力相等；在重力作用的基础上，对两侧横担施加相同大小的集中力，四个塔腿的轴力相等；在右上横担中间施加集中力，右边两塔腿受压，左边两塔腿受拉，且四个塔腿的轴力绝对值相等，证明了所建铁塔计算模型的正确性。

7.2.2　典型输电铁塔的动力学响应特性分析

在 ANSYS 中，有七种模态提取方法，分别为分块兰索斯法、缩减法、子空间迭代法、非对称法、QR 阻尼法、阻尼法、PowerDynamics 法。在本节的求解过程中，采用子空间迭代法。

7.2.2.1　干字型输电铁塔的固有频率和振型

干字型输电铁塔的前十阶固有频率如表 7-3 所示，前三阶固有频率对应振型如图 7-4 所示。

表 7-3　干字型输电铁塔的前十阶固有频率

阶次	频率/Hz	阶次	频率/Hz
1	3.7961	6	13.823
2	3.8961	7	13.967
3	8.5323	8	15.008
4	10.7190	9	15.330
5	11.9930	10	15.401

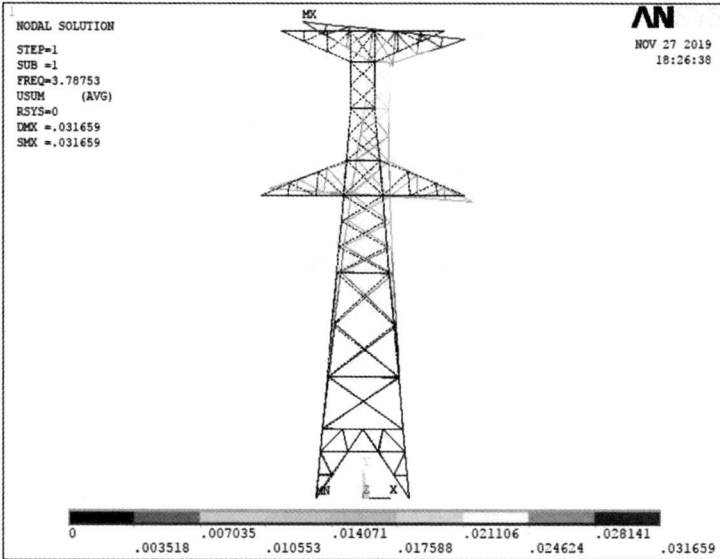

（a）一阶振型

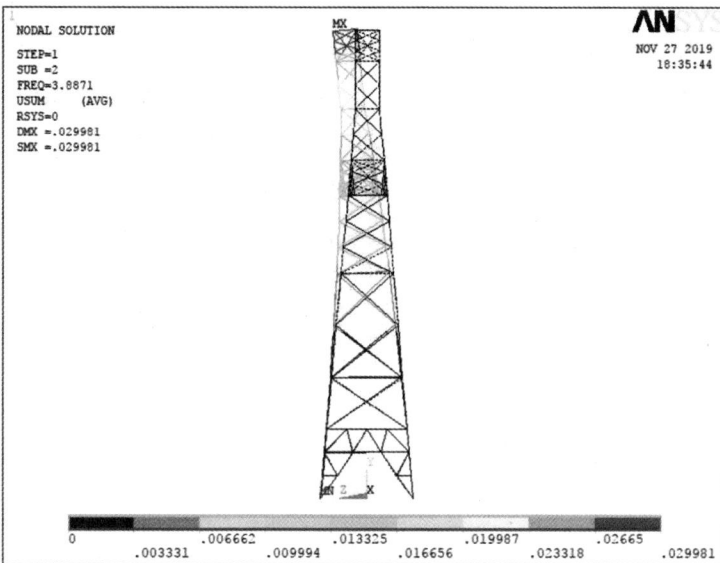

（b）二阶振型

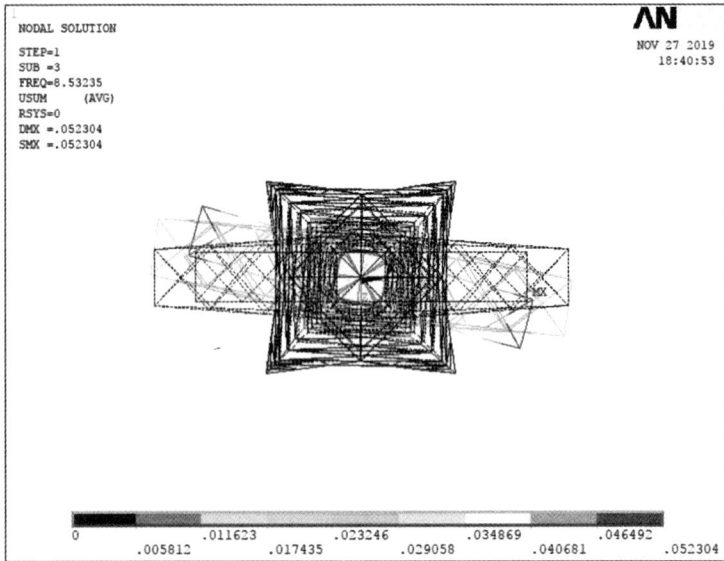

```
NODAL SOLUTION                                    AN
STEP=1                                      NOV 27 2019
SUB =3                                       18:40:53
FREQ=8.53235
USUM        (AVG)
RSYS=0
DMX =.052304
SMX =.052304
```

```
0        .011623      .023246      .034869      .046492
    .005812      .017435      .029058      .040681      .052304
```

(c)三阶振型

图 7-4　干字型输电铁塔前三阶振型

从干字型输电铁塔的固有频率和模态振型可以发现。第一阶固有频率对应振型为 x 方向整塔偏移，第二阶固有频率对应振型为 z 方向整塔偏移，第三阶固有频率对应振型为绕 y 轴整体扭转。其中，第一阶固有频率与第二阶固有频率很接近，第三阶固有频率与第一、第二阶固有频率相差较大，这说明在实际中，第一阶和第二阶阵型相对容易出现，第三阶扭转阵型不容易出现。

7.2.2.2　猫头型输电铁塔的固有频率和振型

猫头型输电铁塔的前十阶固有频率如表 7-4 所示，前三阶固有频率对应振型如图 7-5 所示。

表 7-4　干字型输电铁塔的前十阶固有频率

阶次	频率/Hz	阶次	频率/Hz
1	1.4975	6	8.5291
2	1.9775	7	13.949
3	4.4860	8	15.070
4	7.3544	9	16.093
5	7.8499	10	18.397

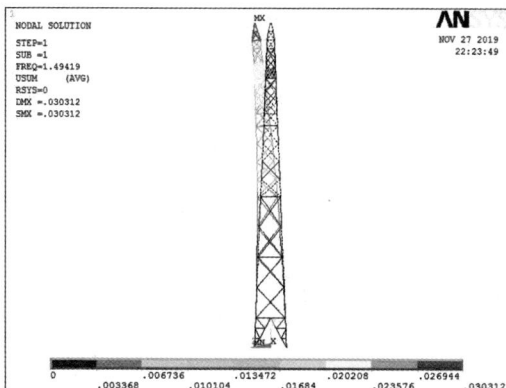

（a）一阶振型

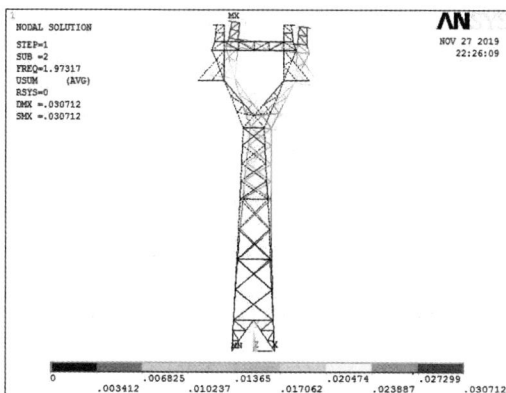

（b）二阶振型

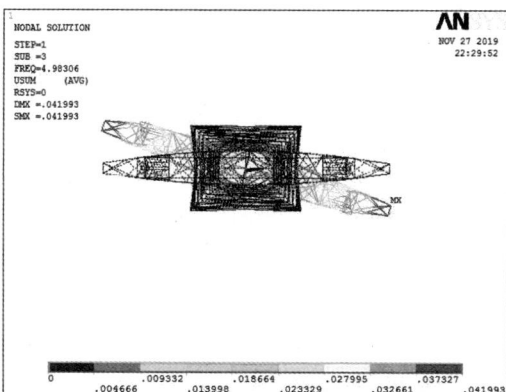

（c）三阶振型

图 7-5　猫头型输电铁塔前三阶振型

从猫头型输电铁塔的固有频率和模态振型可以发现。第一阶固有频率对应振型为 z 方向整塔偏移，第二阶固有频率对应振型为 x 方向整塔偏移，第三阶固有频率对应振型为绕 y 轴整体扭转。其中，第一阶固有频率与第二阶固有频率很接近，第三阶固有频率与第一、二阶固有频率相差较大，这说明在实际中，第一阶和第二阶阵型相对容易出现，第三阶扭转阵型不容易出现。

◆◇ 7.3 档端激励下紧凑型架空线路非同期偏摆分析

随着电网建设的快速发展，线路走廊日益紧张，紧凑型架空线路能有效压缩线路走廊宽度，因而受到国内外输电工程的青睐[7]。紧凑型架空线路将三相导线呈倒三角状置于同一塔窗内，并采用 V 型绝缘子串悬挂导线，如图 7-6 (a)所示，由于其各相导线排列紧凑，当在大风作用下发生不同相导线非同期偏摆时，会进一步缩小相间距离，如图 7-6(b)所示，在此过程中，如果相间电气强度不足以承受系统运行电压时就会引发放电现象，即发生导线相间闪络事故，造成架空线路跳闸。在运维过程中，工程人员多采用相间间隔棒来抑制不同相导线的非同期偏摆运动，但由于地形地势的多样性、安装位置的随机性等问题，实际运行过程中的安全隐患依然存在，究其原因，是紧凑型架空线路导线间非同期偏摆的发生机理尚不明确，不能采取有针对性的防控手段。因此，研究架空导线非同期偏摆的机理与响应特性，对于理解导线动态风偏、防止风偏事故发生等都具有重要的意义。

(a)紧凑型架空线路实物图

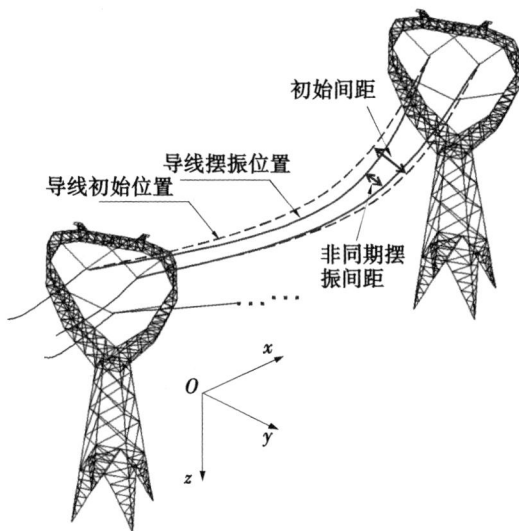

（b）不同相导线非同期偏摆示意图

图 7-6　相间导线非同期偏摆运动图

7.3.1　档端激励下导线风偏模型的建立

根据 7.2 节的研究可以看到，猫头型输电铁塔易发生整塔偏移振型，由于紧凑型线路铁塔构型与猫头型铁塔类似，进而可知，一档紧凑型架空线路发生非同期偏摆时，水平两相导线（A，C 相导线）发生相间风偏闪络的概率较大。因此，选择 A，C 相导线为研究对象，以档端导线悬挂点为坐标原点建立坐标系，z 轴方向竖直向下；x 轴为顺导线方向，指向大号塔侧为正；y 轴垂直于 xOz 平面，顺来流风方向为正。

为阐明档端横向激励对导线风偏运动的影响规律，假设架空导线一端受到周期性的横向位移简谐激励，由于铁塔自身结构存在对称性，A，C 两相导线档端在同一时刻受到的位移激励方向会出现如图 7-7（a）所示的情况，即两相导线档端受到的横向位移激励在 y 轴的分量方向相同，在 z 轴的分量方向相反。

在实际工程中，导线运行张力使架空导线成为张紧索，当大风载荷作用于架空导线时，一档导线的风偏响应以导线所在平面的整体摆动为主，即在风偏响应过程中，可以近似地认为一档导线各部分始终处于同一平面内。结合紧凑型架空线路的 V 型绝缘子串设计，架空导线的风偏运动可以看作导线在风载荷的激励下，以档端悬挂点水平轴（x 轴）为定轴的绕轴摆动。此时架空导线与初

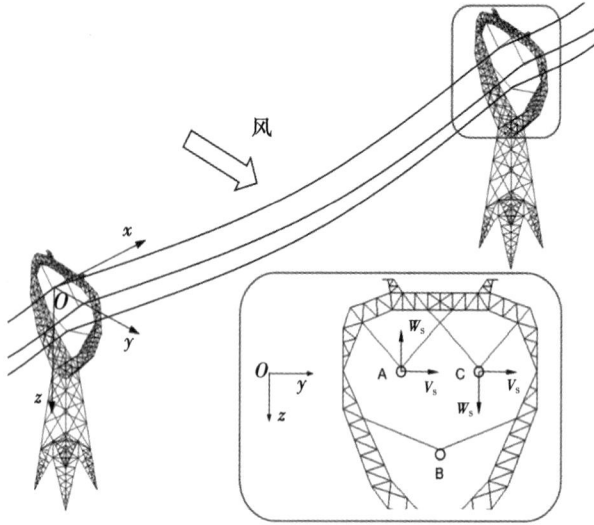

（a）紧凑型架空线路受档端位移激励示意图

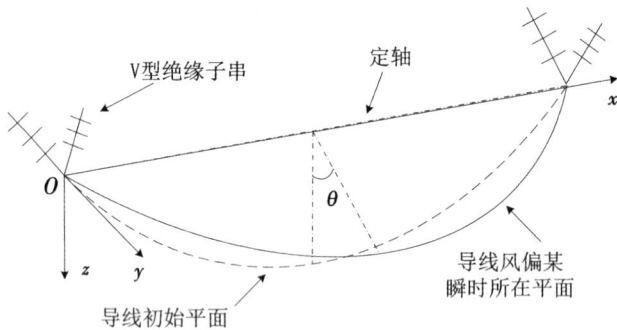

（b）架空导线绕定轴风偏运动示意图

图 7-7　紧凑型架空线路的偏摆运动图

始平面（xOz 平面）形成风偏夹角 θ，如图 7-7（b）所示，其绕档端悬挂点所在轴线的转动惯量可以记为

$$J_x = m \int_0^L \left(\frac{mgx(L-x)}{2\sigma_0} \right)^2 \left[1 + \frac{1}{2} \left(\frac{mg(L-2x)}{2\sigma_0} \right)^2 \right] \mathrm{d}x \qquad (7-1)$$

式中，m 为架空导线单位长度质量，L 为导线档距，g 为重力加速度，σ_0 为导线运行张力。

通过来流风与架空导线的相对运动，考虑气动阻尼对架空线路风偏运动的影响。结合设计手册计算公式[8]，利用工程设计中常用的风压不均匀系数考虑风场空间分布对导线的影响，将架空导线受到的相对风载荷向 y 轴与 z 轴方向进行分解。

由于通常情况下导线悬挂高度处的湍流度较小，脉动风速相对于平均风速为小量，架空导线在风激励与档端激励下的运动速度也远小于风速，故可将脉动风速与导线风偏运动速度的高次项与乘积项略去不计，可得架空导线所受风载荷在 y 轴与 z 轴的分量：

$$F_y = \psi L \left[(\bar{V} + v^* - \dot{v})^2 + \dot{w}^2 \right] \cdot \frac{\bar{V} + v^* - \dot{v}}{\sqrt{(\bar{V} + v^* - \dot{v})^2 + \dot{w}^2}} = \psi L \left[(\bar{V} + v^*)^2 - 2\bar{V}\dot{v} \right]$$

$$(7-2)$$

$$F_z = \psi L \left[(\bar{V} + v^* - \dot{v})^2 + \dot{w}^2 \right] \cdot \frac{-\dot{w}}{\sqrt{(\bar{V} + v^* - \dot{v})^2 + \dot{w}^2}} = -\psi L \bar{V}\dot{w} \qquad (7-3)$$

式中，$\bar{V}$，v^* 分别为导线受到的来流风平均风速与脉动风速；$\dot{v}$，$\dot{w}$ 为此档导线质心在 yOz 平面内的风偏运动速度；ψ 为计算系数，表达式为 $\psi = 0.625\alpha\mu_{sc}d \times 10^{-3}$，其中 α 是风压不均匀系数，μ_{sc} 是架空线体型系数，d 是架空线外径，单位为 mm。

已知架空导线一端在 y 轴与 z 轴方向受到的周期性横向位移简谐激励分别为 v_s 与 w_s，档端激励引起的导线沿线方向波动形态主要发生在面内（导线所在的平面），对导线面外风偏响应的影响可忽略不计。

首先选取 A 相架空导线与初始平面形成的风偏夹角 θ_A 为系统广义坐标，运用拉格朗日方程，建立架空导线在档端横向位移激励下的风偏响应动力学方程。

A 相架空导线风偏响应的势能与动能分别为

$$U_A = mgL \left[z_c(1 - \cos\theta_A) + \frac{1}{2}w_s \right] \qquad (7-4)$$

$$T_A = \frac{1}{2}mL \left[\frac{1}{4}(\dot{v}_s^2 + \dot{w}_s^2) + z_c\dot{\theta}_A\dot{v}_s\cos\theta_A + z_c\dot{\theta}_A\dot{w}_s\sin\theta_A \right] + \frac{1}{2}J_x\dot{\theta}_A^2 \qquad (7-5)$$

式中，z_c 为该档架空导线质心与档端悬挂点在 z 轴方向上的距离。

在架空导线风偏运动的某一瞬时，令风偏夹角有虚位移 $\delta\theta_A$，则来流风载荷对 A 相导线做的虚功的表达式为

$$\delta W_{\theta_A} = \psi L z_c \left[(\bar{V} + v^*)^2\cos\theta_A - \bar{V}z_c\dot{\theta}_A(\cos^2\theta_A + 1) \right]\delta\theta_A \qquad (7-6)$$

可得 A 相架空线路在档端横向位移激励下的风偏响应动力学方程为

$$\frac{J_x}{z_c}\ddot{\theta}_A + \psi L \bar{V} z_c (\cos^2\theta_A + 1)\dot{\theta}_A + mL\left[g + \frac{1}{2}\ddot{w}_s\right]\sin\theta_A$$

$$= \left[\psi L(\bar{V} + v^*)^2 - \frac{1}{2}mL\ddot{v}_s\right]\cos\theta_A \tag{7-7}$$

为探究档端横向位移激励对不同相架空导线非同期摇摆的影响规律，排除来流风相继作用与导线屏蔽作用的影响，可求得 C 相架空导线在档端横向位移激励下的风偏响应动力学方程：

$$\frac{J_x}{z_c}\ddot{\theta}_C + \psi L \bar{V} z_c (\cos^2\theta_C + 1)\dot{\theta}_C + mL\left[g - \frac{1}{2}\ddot{w}_s\right]\sin\theta_C$$

$$= \left[\psi L(\bar{V} + v^*)^2 - \frac{1}{2}mL\ddot{v}_s\right]\cos\theta_C \tag{7-8}$$

由式(7-7)、式(7-8)可见，y 轴方向档端位移激励作用于风偏响应方程的激扰项，z 轴方向档端位移激励改变了响应方程的重力参数。在实际工程中，由于 y 轴方向档端激励载荷远远小于来流风载荷，因此可不计 y 轴方向档端激励对架空导线动态风偏响应的影响。

根据 Mathieu 方程可知，重力参数变化可以激发系统的振动，对比式(7-7)、式(7-8)可以发现，两相导线动态风偏响应方程的重力参数变化不同。因此，为明确档端位移激励对架空导线非同期摇摆的影响，需要对 z 轴方向档端位移激励作用下的架空导线风偏响应动力学方程做进一步的分析。

7.3.2 风偏响应方程的非线性渐进解

架空线路在风偏过程中表现出显著的几何非线性特征，然而在通常情况下，架空线路风致响应的脉动部分可视为围绕在风偏角均值周围的小变形，因此可以在架空线路风偏均值处采用小变形计算方法对架空导线进行风致响应分析。

平均风速稳定后，架空导线围绕风偏均值进行摆振，风偏夹角 θ 由风偏角均值 $\bar{\theta}$ 与风偏角脉动值 θ^* 组成，如图 7-8 所示。

以 A 相导线为例，将 $\theta = \bar{\theta} + \theta^*$ 代入式(7-7)，只考虑 z 轴方向的周期性档端位移简谐激励 $w_s = A\cos\nu t$，略去脉动风速、架空导线脉动风偏角与架空导线风偏运动速度之间的乘积项和高次项，可得档端横向位移激励作用下 A 相导线在风偏均值处摆动的响应方程：

$$\ddot{\theta}_A^* + C_\theta \dot{\theta}_A^* + \left[\omega_0^2 - \lambda_\theta(\nu^2 A\cos\nu t)\right]\theta_A^* = \kappa_\theta v^* + \eta_\theta(\nu^2 A\cos\nu t) \tag{7-9}$$

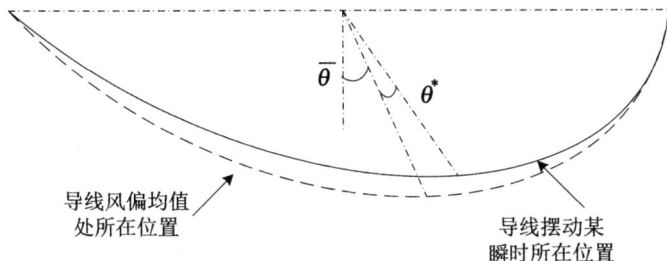

图 7-8　架空导线风偏摆动示意图

式中，$\omega_0 = \sqrt{mgLz_c/(J_x\cos\overline{\theta})}$，$C_\theta = \psi L\,\overline{V}z_c^2(\cos^2\overline{\theta}+1)/J_x$，$\lambda_\theta = mLz_c\cos\overline{\theta}/(2J_x)$，

$\kappa_\theta = 2z_c\psi L\,\overline{V}\cos\overline{\theta}/J_x$，$\eta_\theta = mLz_c\sin\overline{\theta}/(2J_x)$。

档端位移激励改变重力参数进而产生了摄动项，在实际工程中，铁塔与绝缘子串的结构限制了导线档端位移激励的振幅，因此，式(7-9)为弱非线性随机振动风偏响应系统。

将式(7-9)中的摄动项移到右边，方程改写为

$$\ddot{\theta}_A^* + C_\theta\,\dot{\theta}_A^* + \omega_0^2\theta_A^* = \kappa_\theta v^* + \left[\eta_\theta(\nu^2 A\cos\nu t) + \lambda_\theta(\nu^2 A\cos\nu t)\theta_A^*\right] \qquad (7\text{-}10)$$

将摄动项移项后，A 相导线风偏响应方程的左边为只含有常系数的线性项，右边的激扰项由两部分组成：脉动风载荷产生的随机激扰项 $\kappa_\theta v^*$ 和周期性档端横向位移简谐激励产生的激扰项 $\left[\eta_\theta(\nu^2 A\cos\nu t) + \lambda_\theta(\nu^2 A\cos\nu t)\theta_A^*\right]$。

对于风偏响应系统而言，脉动风激扰项在任意时刻拥有明确的数值，不随档端位移激励的变化而变化。因此，可先单独考虑档端横向位移激励的影响，求解方程的稳态解，进而探究具有一般性意义的档端位移激励对导线风偏响应影响的本质特征。

只考虑档端位移激励作用，A 相导线在风偏均值附近摆动的响应方程为

$$\ddot{\theta}_A^* + C_\theta\,\dot{\theta}_A^* + \omega_0^2\theta_A^* = \eta_\theta\nu^2 A\cos\nu t + \lambda_\theta(\nu^2 A\cos\nu t)\theta_A^* \qquad (7\text{-}11)$$

从式(7-11)可以看到，架空导线在档端激励作用下的动态响应方程为非齐次的微分方程，常规的 Hill 方程解法无法对其求解。根据振动理论可知，对于弱非线性系统，通过振动的拟谐和性质可以求得相应的具有渐进性质的级数解，因此，本书运用非线性渐进法(KBM 法)对档端激励作用下的架空导线风偏响应方程进行求解。

当系统处于共振状态时，导线在风偏均值附近摆动的振幅最大，不同相导

线之间发生相间闪络的可能性最高。而对于重力参数变化的非线性振动系统，其可能发生主共振与亚谐共振，为此，考察 $\omega_0 \approx \nu/q$ 的情形，分别研究两种共振状态下导线摆动的响应特性。

首先假设

$$\omega_0^2 = (\nu/q)^2 + \varepsilon\Delta \qquad (7-12)$$

式中，ε 为小参数，$\varepsilon\Delta$ 表示固有频率与激扰频率平方之间的解谐。进而式(7-11)可以写为

$$\ddot{\theta}_A^* + \left(\frac{\nu}{q}\right)^2 \theta_A^* = \varepsilon\left(\frac{\eta_\theta \nu^2 A\cos\nu t}{\varepsilon} - \frac{C_\theta}{\varepsilon}\dot{\theta}_A^* + \frac{\lambda_\theta \nu^2 A\cos\nu t}{\varepsilon}\theta_A^* - \Delta\theta_A^*\right) \qquad (7-13)$$

式(7-13)的解可以求为如下形式：

$$\theta_A^* = a\cos\vartheta + \varepsilon\theta_{A1}^*(a, \nu t, \vartheta) + \cdots \qquad (7-14)$$

式中，$\vartheta = \nu t/q + \varphi$，$a$ 为幅值，φ 为固有振动与外作用之间的相位差，它们为时间的慢变函数，有

$$\dot{a} = \varepsilon P_1(a, \varphi) + \varepsilon^2 P_2(a, \varphi) + \cdots \qquad (7-15)$$

$$\dot{\varphi} = \varepsilon Q_1(a, \varphi) + \varepsilon^2 Q_2(a, \varphi) + \cdots \qquad (7-16)$$

根据非线性渐进法的求解思路，首先将式(7-14)、式(7-15)与式(7-16)的导数代入式(7-13)等号左端，再将式(7-13)等号右边在 $\theta_0 = a\cos\vartheta$，$\dot{\theta}_0 = -a\nu\sin\vartheta$ 附近展开，最后根据 ε 的同次幂系数相等的原则便可以得到 θ_{A1}^* 关于 ε 的方程，其中渐进级数选择为一次级数便可以满足工程精度的需求。但要想继续求得其非线性渐进解，必须对式(7-13)中的 q 赋予具体的数值，因此，需要分别考查主共振与亚谐共振情形下响应方程的非线性渐进解。

（1）主共振情形（令 $q=1$）。

按照非线性渐进法的求解思路，得到主共振情形下 θ_{A1}^* 关于 ε 一次幂的方程，有

$$\frac{\partial^2 \theta_{A1}^*}{\partial t^2} + \nu^2\theta_{A1}^* = \left(\frac{\eta_\theta \nu^2 A}{\varepsilon}\cos\varphi + 2a\nu Q_1 - a\Delta\right)\cos\vartheta + $$

$$\left(\frac{\eta_\theta \nu^2 A}{\varepsilon}\sin\varphi + \frac{C_\theta}{\varepsilon}a\nu + 2\nu P_1\right)\sin\vartheta + \frac{a\lambda_\theta \nu^2 A}{2\varepsilon}\cos\varphi + \qquad (7-17)$$

$$\frac{a\lambda_\theta \nu^2 A}{2\varepsilon}\cos\varphi \cdot \cos2\vartheta + \frac{a\lambda_\theta \nu^2 A}{2\varepsilon}\sin\varphi \cdot \sin2\vartheta$$

为了使 θ_{A1}^{*} 中不出现分母为 0 的项，必须使式(7-17)等号右边括号中的项为 0，在此条件下，式(7-17)的解为

$$\theta_{A1}^{*}\big|_{q=1}=-\frac{a\lambda_{\theta}A}{6}\cos(2\nu t+\varphi)+\frac{a\lambda_{\theta}A}{2}\cos\varphi \qquad (7\text{-}18)$$

因此，可得主共振下式(7-13)的一次近似解为

$$\theta_{A}^{*}\big|_{q=1}=a\cos(\nu t+\varphi)-\left[\frac{a\lambda_{\theta}A}{6}\cos(2\nu t+\varphi)-\frac{a\lambda_{\theta}A}{2}\cos\varphi\right] \qquad (7\text{-}19)$$

式中，a 与 φ 由下列微分方程确定

$$\dot{a}\big|_{q=1}=-(\eta_{\theta}A\nu^2\sin\varphi+C_{\theta}a\nu)/2\nu \qquad (7\text{-}20)$$

$$\dot{\varphi}\big|_{q=1}=(-\eta_{\theta}A\nu^2\cos\varphi+a\omega_0^2-a\nu^2)/2\nu a \qquad (7\text{-}21)$$

(2)亚谐共振情形(令 $q=2$)。

同理，亚谐共振情形下 θ_{A1}^{*} 关于 ε 一次幂的方程为

$$\begin{aligned}
\frac{\partial^2\theta_{A1}^{*}}{\partial t^2}+\frac{\nu^2}{4}\theta_{A1}^{*}=&\frac{\eta_{\theta}\nu^2A}{\varepsilon}(\cos2\varphi\cdot\cos2\vartheta+\sin2\varphi\cdot\sin2\vartheta)+\\
&\left(\frac{a\nu C_{\theta}}{2\varepsilon}+\nu P_1+\frac{a\lambda_{\theta}\nu^2A}{2\varepsilon}\sin2\varphi\right)\sin\vartheta+\\
&\left(a\nu Q_1-a\Delta+\frac{a\lambda_{\theta}\nu^2A}{2\varepsilon}\cos2\varphi\right)\cos\vartheta+\\
&\frac{a\lambda_{\theta}\nu^2A}{2\varepsilon}(\cos2\varphi\cdot\cos3\vartheta+\sin2\varphi\cdot\sin3\vartheta)
\end{aligned} \qquad (7\text{-}22)$$

在满足 θ_{A1}^{*} 中不出现分母为 0 项的情况下，可得亚谐共振情况下式(7-13)的一次近似解为

$$\theta_{A}^{*}\big|_{q=2}=a\cos\left(\frac{1}{2}\nu t+\varphi\right)-\left[\frac{4\eta_{\theta}A}{3}\cos\nu t+\frac{a\lambda_{\theta}A}{4}\cos\left(\frac{3}{2}\nu t+\varphi\right)\right] \qquad (7\text{-}23)$$

式中，a 与 φ 由下列微分方程确定：

$$\dot{a}\big|_{q=2}=-(a\nu C_{\theta}+a\lambda_{\theta}\nu^2A\sin2\varphi)/2\nu \qquad (7\text{-}24)$$

$$\dot{\varphi}\big|_{q=2}=(2\omega_0^2-\nu^2-\lambda_{\theta}\nu^2A\cos2\varphi)/2\nu \qquad (7\text{-}25)$$

由式(7-19)、式(7-23)可见，架空导线在档端横向位移激励作用下的响应包含两部分，第一部分为式中等号右端的第一项，其为式(7-13)的齐次解，即系统的固有振动；第二部分为式中等号右端"[ ]"中的两项，其为式(7-13)的特解，代表系统在档端横向位移激励作用下的强迫振动。

7.3.3 响应幅值比较与参变特性分析

为对架空导线在档端横向位移激励下响应幅值最大的情形做进一步研究，首先需要比较主共振与亚谐共振对导线响应幅值的影响。

当振动稳定后，a 与 φ 不再是时间的慢变函数，式(7-20)、式(7-21)、式(7-24)、式(7-25)的常数解分别对应式(7-13)方程在主共振状态和亚谐共振状态下的稳态同步周期解。因此，求解式(7-20)、式(7-21)、式(7-24)、式(7-25)的常数解，便可确定式(7-19)、式(7-23)中 a 与 φ 的取值。

将振动稳定后导线在两种共振状态下的动态响应幅值进行归一化处理，其时程曲线如图7-9所示。

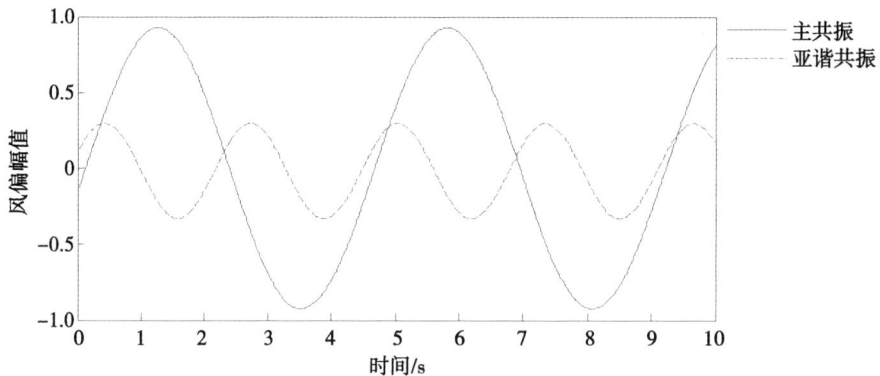

图7-9 两种共振状态下响应幅值比较

由图7-9可见，亚谐共振状态下响应频率大于主共振状态，但响应幅值小于主共振状态，因此可知，当档端横向位移激扰频率接近系统固有频率时，即系统发生主共振时，导线风偏响应幅值最大，发生相间闪络事故的可能性最高。

因此，以主共振情形为研究状态，可算得 C 相导线在档端位移激励下发生主共振时响应方程的一次近似解为

$$\theta_C^* \big|_{q=1} = a\cos(\nu t + \varphi) + \left[\frac{a\lambda_\theta A}{6}\cos(2\nu t + \varphi) - \frac{a\lambda_\theta A}{2}\cos\varphi\right] \tag{7-26}$$

对比式(7-19)、式(7-26)可知，A，C两相导线在风偏均值处的档端位移激励响应中，系统的固有振动部分相同，强迫振动部分符号相反。

由于振动系统有阻尼的存在，系统的固有振动将迅速衰减，所以强迫振动是唯一可能的稳态振动。将振动稳定后的 A，C 两相导线动态响应进行归一化

处理, 其时程曲线如图 7-10 所示。

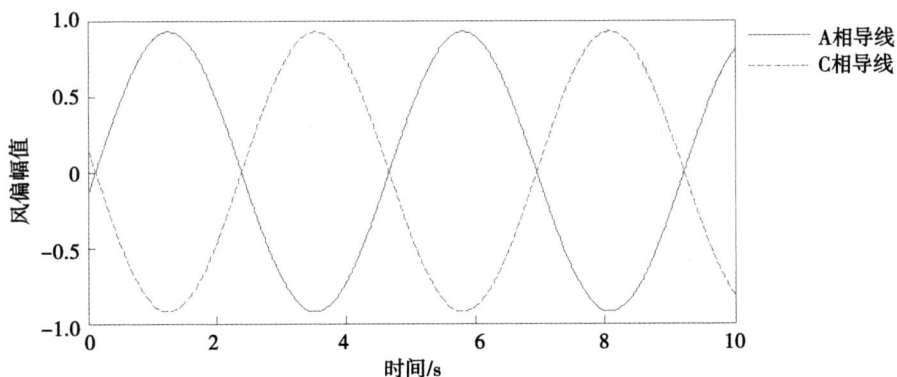

图 7-10 主共振状态下 A, C 相导线的动态响应

从图 7-10 中可以清楚地看到, 不考虑脉动风作用时, 紧凑型架空线路 A, C 两相导线在档端位移激励作用下发生相位相反、幅值相同的动态响应, 说明即使没有脉动风的作用, 架空导线在档端横向位移激励的作用下, 依然可以发生不同相导线的非同期摇摆运动。

为研究档端激励幅值与架空导线结构参数对导线非同期摇摆响应幅值的影响规律, 需要对主共振状态下响应方程的解做进一步的整理分析。

以 A 相导线的强迫响应为例, 考查式 (7-20)、式 (7-21) 的常数解, 由下列方程确定:

$$\eta_\theta A\nu^2\sin\varphi + C_\theta a\nu = 0 \qquad (7-27)$$

$$\eta_\theta A\nu^2\cos\varphi - a\omega_0^2 + a\nu^2 = 0 \qquad (7-28)$$

联立两式, 可以求得:

$$a = \sqrt{\left(\frac{\eta_\theta A\nu^2}{\omega_0^2}\right)^2 \Bigg/ \left\{\left(\frac{C_\theta\nu}{\omega_0^2}\right)^2 + \left[1 - \left(\frac{\nu}{\omega_0}\right)^2\right]^2\right\}} \qquad (7-29)$$

$$\tan\varphi = -\frac{C_\theta\nu}{\omega_0^2} \Bigg/ \left[1 - \left(\frac{\nu}{\omega_0}\right)^2\right] \qquad (7-30)$$

由式 (7-29)、式 (7-30) 可见, 主共振时, 激扰频率 ν 与固有频率 ω_0 相等, 幅值 a 取得最大值, 此时固有振动与外作用之间的相位差 φ 为 $-90°$。

经过计算可知, 发生主共振时, A, C 两相架空导线动态响应幅值参数 a 的最大值一致, 有

$$a = \eta_\theta A\nu / C_\theta \qquad (7-31)$$

为更清楚地展现档端激励幅值、架空导线结构参数与响应幅值之间的关系，对转动惯量 J_x 与质心距离 z_c 略去高阶微小量并求积分，结合 ω_0，C_θ，λ_θ，η_θ 的表达式，可得 A、C 两相导线在强迫振动时的稳态响应幅值：

$$A_\theta = \frac{5\sqrt{10}\,\overline{V}}{g^3} \cdot A^2 \cdot \frac{\sqrt{\sigma_0^5}}{L^5} \cdot \frac{\cos\overline{\theta}\sqrt{\cos\overline{\theta}}}{\sqrt{m^5}\,(\cos^2\overline{\theta}+1)} \tag{7-32}$$

当平均风速 $\overline{V}$ 稳定后，式(7-32)中等号右边第一项为常系数，第二项为档端位移激励的振幅，第三项为与风偏角均值无关的架空导线自身结构参数，第四项为与风偏角均值有关的参数。

结合风偏角均值计算公式 $\tan\overline{\theta}=\psi\overline{V}^2/mg$，式(7-32)中等号右边第四项 $I_{4\text{th}}$ 通过整理可以写为

$$I_{4\text{th}} = \frac{\cos\overline{\theta}\sqrt{\cos\overline{\theta}}}{\sqrt{m^5}\,(\cos^2\overline{\theta}+1)} = \frac{g^2\sqrt{g}}{\overline{V}^5\psi^2\sqrt{\psi}} \cdot \frac{\sin^2\overline{\theta}\sqrt{\sin\overline{\theta}}}{\cos\overline{\theta}\,(\cos^2\overline{\theta}+1)} \tag{7-33}$$

将上式对 $\overline{\theta}$ 进行求导，有

$$\frac{\mathrm{d}I_{4\text{th}}}{\mathrm{d}\overline{\theta}} = \frac{\sqrt{g^5}}{\overline{V}^5\sqrt{\psi^5}} \cdot \frac{\mathrm{d}}{\mathrm{d}\overline{\theta}}\left[\frac{\sin^2\overline{\theta}\sqrt{\sin\overline{\theta}}}{\cos\overline{\theta}\,(\cos^2\overline{\theta}+1)}\right] > 0 \tag{7-34}$$

由式(7-34)可见，第四项 $I_{4\text{th}}$ 是风偏角均值 $\overline{\theta}$ 的单调增函数，进而通过风偏角均值计算公式可知 $I_{4\text{th}}$ 是导线单位质量 m 的单调减函数，即架空导线动态响应幅值 A_θ 与导线单位质量 m 成反比。

因此，通过式(7-32)、式(7-34)得到了档端激励幅值、架空导线结构参数与导线非同期摇摆响应幅值之间的变化关系，即架空导线动态响应幅值 A_θ 与档端位移激励的振幅 A、水平张力 σ_0 成正比，与档距 L、导线单位质量 m 成反比。

7.3.4　工程实例计算与结果讨论

以某档紧凑型架空线路为计算对象，档距为 300 m，导线悬挂点距地面高度为 30 m，A、C 两相导线水平间距为 6.7 m。导线受到垂直于导线初始平面方向的横向气流的作用，标准高度 10 m 处的基准风速为 25 m/s。导线单位质量为 2.079 kg/m，外径为 33.8 mm，初始运行张力为 28 kN，暂不考虑多分裂导线的屏蔽作用与来流风的相继作用。

架空导线在风偏均值处发生动态响应，其不仅受到档端位移激励的影响，还受到脉动风载荷的作用。因此，为模拟脉动风速时程，采用随高度变化的 Kaimal 谱，选取地形粗糙度指数为 0.15，求取回归系数矩阵，利用 AR 模型得到 10 分钟内的脉动风速时程。

根据工程实例条件，通过平均风速得到架空导线的风偏均值位置，假设架空导线档端存在 z 轴方向周期性位移简谐激励，其幅值为 0.25 m，频率与振系固有频率相同[可通过式(7-7)算得导线在风偏均值处的摆动固有频率为 0.219 Hz]，同时对导线施加通过模拟得到的脉动风速。利用风压不均匀系数考虑风场空间分布对导线的影响，其值取 0.8，采用 Newmark-β 法进行计算，时间步长取 0.01，A，C 两相导线风偏摆动时程曲线如图 7-11 所示。

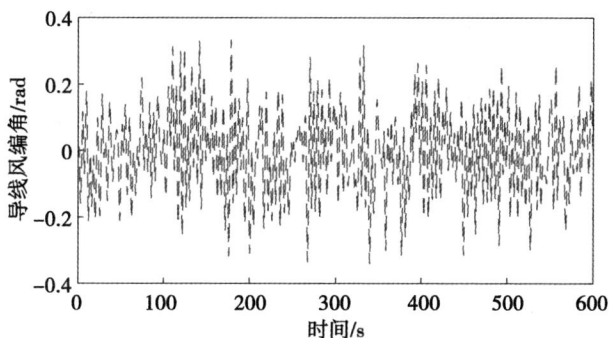

(a)0~600 s 风偏摆动时程曲线全图(A 相导线)

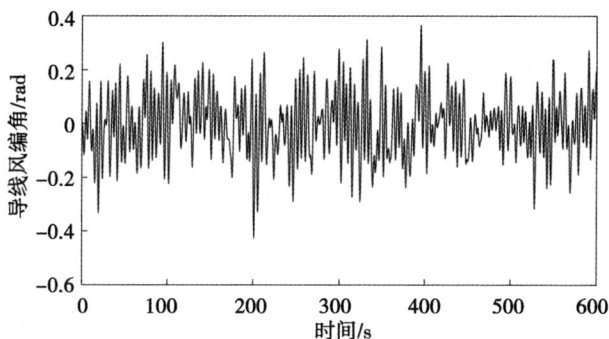

(b)0~600 s 风偏摆动时程曲线全图(A 相导线)

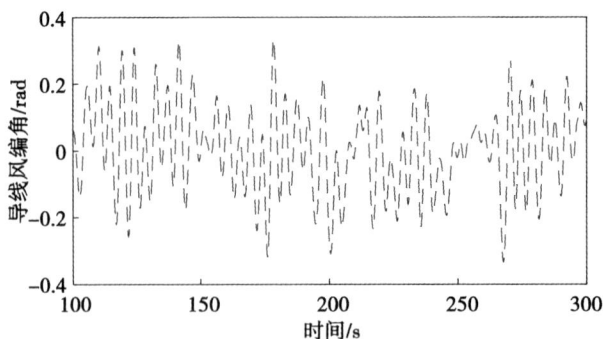

（c）100~300 s区间风偏摆动时程曲线放大图（A相导线）

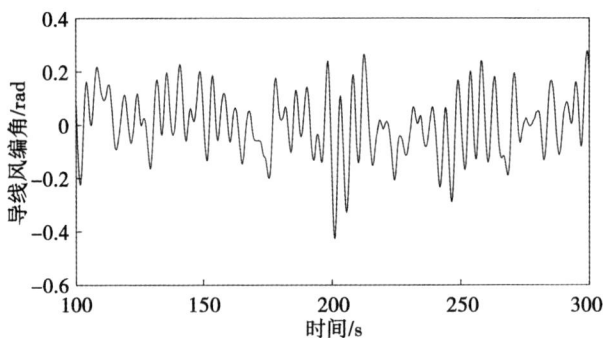

（d）100~300 s区间风偏摆动时程曲线放大图（C相导线）

图7-11　两相导线风偏摆动时程曲线

由图7-11可见，由于脉动风的影响，A，C两相导线非同期摇摆运动不再是简单的相位相反，而是出现了相位差，在某些时间段也出现了反相位（如图中140~180 s区间），这些现象从式（7-10）中也可以预见。

由上述分析可知，在不考虑来流风相继作用与导线屏蔽作用的情况下，档端横向位移激励依然可以激发不同相导线的非同期摇摆运动，证明本书分析的正确性，此结论为从多角度探究架空导线非同期摇摆的机理提供了一条新思路。

以工程实例中的各项参数为基准值，逐一改变工程实例中的档端激励幅值、水平张力、档距与导线单位质量，以改变值与基准值的比值为横坐标建立折线图，观察A，C两相导线最小水平间距的变化规律，如图7-12所示。

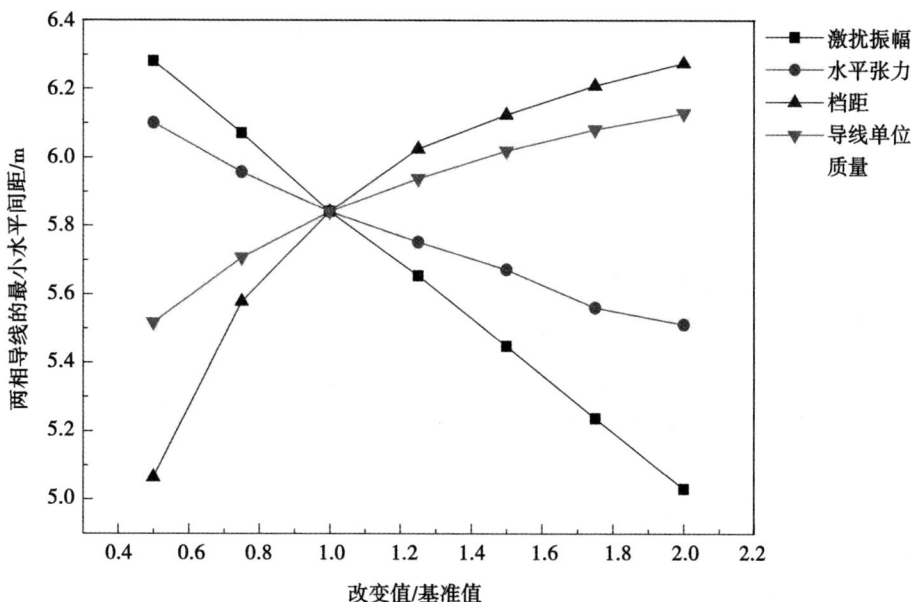

图 7-12　参数改变对两相导线最小水平间距的影响

图 7-12 证明了 7.3.3 计算得到的档端激励幅值、架空导线结构参数与导线非同期摇摆响应幅值之间变化关系的正确性。响应幅值越大,两相导线的水平间距越小,则 A,C 两相导线在档端横向位移激励引起的主共振状态下,发生非同期摇摆时其最小水平间距与档端位移激励的振幅 A、水平张力 σ_0 成反比,与档距 L、导线单位质量 m 成正比。

◆◇ 7.4　本章小结

本章通过分析大风作用下典型铁塔的动态响应,得知输电铁塔易出现整塔偏移振型,在此基础上,着重考虑了导线档端横向位移激励的作用,建立档端激励下架空导线风偏摆动模型,研究了档端激励幅值与架空导线结构参数对导线非同期摇摆响应的影响规律,发现主共振状态时 A,C 两相导线稳态响应的幅值最大、相位相反;结合脉动风的作用,两相导线的非同期摇摆运动出现了明显的相位差。该研究为理解架空导线非同期摇摆的机理提供了一条新思路,也为架空线路动态风偏的设计、运行维护以及有效防治提供了一条新途径。

◆◇ 参考文献

[1] 朱宽军,李新民,邸玉贤,等.紧凑型输电线路非同期摇摆特性分析及防治措施[J].高电压技术,2010,36(11):2717-2723.

[2] 孙保强,侯镭,孟晓波,等.不同风速下导线风偏动力响应分析[J].高电压技术,2010,36(11):2808-2813.

[3] 刘竹丽,刘贝贝,伍川,等.随机风场下紧凑型线路非同期摇摆仿真分析[J].科学技术与工程,2019,19(35):208-214.

[4] 陈晓娟,王孟,王璋奇,等.大跨越导线在局部激励下微风振动的格林函数解[J].振动工程学报,2019,32(5):822-829.

[5] 王璋奇,杨文刚,韩志杰,等.基于档端位移激励的架空导线舞动试验装置:201220022213.0[P].2012-10-03.

[6] 高林涛.架空导线面外弓形摆振的理论与实验研究[D].北京:华北电力大学,2014.

[7] 王黎明,孙保强,张楚岩,等.750kV 紧凑型线路相间间隔棒力学分析与计算[J].高电压技术,2009,35(10):2551-2556.

[8] 国家电力公司东北电力设计院.电力工程高压送电线路设计手册[M].2版.北京:中国电力出版社,2003.

附录　架空线路多刚体动力学模型矩阵元素表达式

◆◇ 附录 I

$$(*) = m, c$$

$$\boldsymbol{D}_{i-1}^{(*)}(\boldsymbol{k}) = [\, D_{i-1}^{(*)}(1, k) \quad \cdots \quad D_{i-1}^{(*)}(j, k) \quad \cdots \quad D_{i-1}^{(*)}(n_{li}, k) \,]^{\mathrm{T}};$$

$$\boldsymbol{E}_{i}^{(*)}(\boldsymbol{k}) = [\, E_{i}^{(*)}(1, k) \quad \cdots \quad E_{i}^{(*)}(j, k) \quad \cdots \quad E_{i}^{(*)}(n_{li}, k) \,]^{\mathrm{T}};$$

$$\boldsymbol{P}_{i}^{(*)}(\boldsymbol{k}) = [\, P_{i}^{(*)}(1, k) \quad \cdots \quad P_{i}^{(*)}(j, k) \quad \cdots \quad P_{i}^{(*)}(n_{li}, k) \,];$$

$$\boldsymbol{Q}_{i}^{(*)}(\boldsymbol{k}) = [\, Q_{i}^{(*)}(1, k) \quad \cdots \quad Q_{i}^{(*)}(j, k) \quad \cdots \quad Q_{i}^{(*)}(n_{li+1}, k) \,];$$

$$\boldsymbol{J}_{i}^{k} = [\, 0 \quad \cdots \quad 0 \quad \cdots \quad J_{i}^{k}(1) \,]^{\mathrm{T}}, \quad \boldsymbol{\theta}_{i}^{*} = [\, \theta_{i}^{*}(1) \quad \cdots \quad \theta_{i}^{*}(j) \quad \cdots \quad \theta_{i}^{*}(n_{li}) \,]^{\mathrm{T}};$$

$$\boldsymbol{N}_{i}^{k} = [\, 0 \quad \cdots \quad 0 \quad \cdots \quad N_{i}^{k}(n_{i}) \,]^{\mathrm{T}}, \quad \boldsymbol{F}_{i}^{w} = [\, F_{i}^{w}(1) \quad \cdots \quad F_{i}^{w}(j) \quad \cdots \quad F_{i}^{w}(n_{li}) \,]^{\mathrm{T}};$$

$$\boldsymbol{\Lambda}_{i}^{(*)} = \begin{bmatrix} B_{i}^{(*)}(1) & \cdots & C_{i}^{(*)}(1, j) & \cdots & C_{i}^{(*)}(1, n_{li}) \\ \vdots & & \vdots & & \vdots \\ A_{i}^{(*)}(j, 1) & \cdots & B_{i}^{(*)}(j) & \cdots & C_{i}^{(*)}(j, n_{li}) \\ \vdots & & \vdots & & \vdots \\ A_{i}^{(*)}(n_{li}, 1) & \cdots & A_{i}^{(*)}(n_{li}, j) & \cdots & B_{i}^{(*)}(n_{li}) \end{bmatrix};$$

$$\boldsymbol{\Lambda}_{i}^{k} = \begin{bmatrix} B_{i}^{k}(1) & & & & \\ & \ddots & & & \\ & & B_{i}^{k}(j) & & \\ & & & \ddots & \\ & & & & K_{i}^{G}(0) + B_{i}^{k}(n_{li}) + \\ & & & & K_{i-1}^{G}(n_{i-1}) \end{bmatrix};$$

$$\boldsymbol{I}_{i+1}^{(*)} = \begin{bmatrix} I_{i+1}^{(*)}(1,1) & \cdots & I_{i+1}^{(*)}(1,j) & \cdots & I_{i+1}^{(*)}(1,n_{Ii+1}) \\ \vdots & & \vdots & & \vdots \\ I_{i+1}^{(*)}(j,1) & \cdots & I_{i+1}^{(*)}(j,j) & \cdots & I_{i+1}^{m}(j,n_{Ii+1}) \\ \vdots & & \vdots & & \vdots \\ I_{i+1}^{(*)}(n_{Ii},1) & \cdots & I_{i+1}^{(*)}(n_{Ii},j) & \cdots & I_{i+1}^{(*)}(n_{Ii},n_{Ii+1}) \end{bmatrix};$$

$$\boldsymbol{H}_{i-1}^{(*)} = \begin{bmatrix} H_{i-1}^{(*)}(1,1) & \cdots & H_{i-1}^{(*)}(1,j) & \cdots & H_{i-1}^{(*)}(1,n_{Ii-1}) \\ \vdots & & \vdots & & \vdots \\ H_{i-1}^{(*)}(j,1) & \cdots & H_{i-1}^{(*)}(j,j) & \cdots & H_{i-1}^{(*)}(j,n_{Ii-1}) \\ \vdots & & \vdots & & \vdots \\ H_{i-1}^{(*)}(n_{Ii},1) & \cdots & H_{i-1}^{(*)}(n_{Ii},j) & \cdots & H_{i-1}^{(*)}(n_{Ii},n_{Ii-1}) \end{bmatrix};$$

$$A_i^m(j,r) = \left\{ m_I\left(\frac{1}{2}+n_{Ii}-j\right) + \frac{mL_{i-1}}{n_{i-1}}\sum_{k=1}^{n_{i-1}}\left[\frac{x_{i-1}^c(k)}{L_{i-1}}\right]^2 + \frac{mL_i}{n_i}\sum_{k=1}^{n_i}\left[1-\frac{x_i^c(k)}{L_i}\right]^2 \right\} \cdot$$

$$l_I\cos\left[\bar{\theta}_i(r)-\bar{\theta}_i(j)\right];$$

$$B_i^m(j) = \left\{ m_I\left(\frac{1}{4}+n_{Ii}-j\right) + \frac{mL_{i-1}}{n_{i-1}}\sum_{k=1}^{n_{i-1}}\left[\frac{x_{i-1}^c(k)}{L_{i-1}}\right]^2 + \frac{mL_i}{n_i}\sum_{k=1}^{n_i}\left[1-\frac{x_i^c(k)}{L_i}\right]^2 \right\}l_I;$$

$$C_i^m(j,r) = \left\{ m_I\left(\frac{1}{2}+n_{Ii}-r\right) + \frac{mL_{i-1}}{n_{i-1}}\sum_{k=1}^{n_{i-1}}\left[\frac{x_{i-1}^c(k)}{L_{i-1}}\right]^2 + \frac{mL_i}{n_i}\sum_{k=1}^{n_i}\left[1-\frac{x_i^c(k)}{L_i}\right]^2 \right\} \cdot$$

$$l_I\cos\left[\bar{\theta}_i(r)-\bar{\theta}_i(j)\right];$$

$$D_{i-1}^m(j,k) = \frac{mx_{i-1}^c(k)}{n_{i-1}}l_{i-1}^c(k)\cdot\cos\left[\bar{\theta}_i(j)-\bar{\varphi}_{i-1}\right];$$

$$E_i^m(j,k) = \frac{mL_i}{n_i}\left[1-\frac{x_i^c(k)}{L_i}\right]l_i^c(k)\cos\left[\bar{\theta}_i(j)-\bar{\varphi}_i\right];$$

$$H_{i-1}^m(j,r) = \frac{mL_{i-1}}{n_{i-1}}l_I\sum_{k=1}^{n_{i-1}}\left[1-\frac{x_{i-1}^c(k)}{L_{i-1}}\right]\frac{x_{i-1}^c(k)}{L_{i-1}}\cos\left[\bar{\theta}_i(j)-\bar{\theta}_{i-1}(r)\right];$$

$$I_{i+1}^m(j,r) = \frac{mL_i}{n_i}l_I\sum_{k=1}^{n_i}\left\{\left[1-\frac{x_i^c(k)}{L_i}\right]\frac{x_i^c(k)}{L_i}\cos\left[\bar{\theta}_i(j)-\bar{\theta}_{i+1}(r)\right]\right\};$$

$$A_i^c(j,r) = \left\{ \phi\bar{V}_{Ii}(n_{Ii}-j+1) + \frac{\bar{V}_i\psi L_i}{n_i}\sum_{k=1}^{n_i}\left[1-\frac{x_i^c(k)}{L_i}\right]^2 + \frac{\bar{V}_{i-1}\psi L_{i-1}}{n_{i-1}} \right\} \cdot$$

$$\sum_{k=1}^{n_{i-1}}\left[\frac{x_{i-1}^c(k)}{L_{i-1}}\right]^2 \right\} l_I\left[2\cos\bar{\theta}_i(r)\cos\bar{\theta}_i(j) + \sin\bar{\theta}_i(r)\sin\bar{\theta}_i(j)\right];$$

$$B_i^c(j) = \left\{ \phi \, \overline{V}_{Ii} \left(\frac{1}{2} + n_{Ii} - j \right) + \frac{\overline{V}_i \psi L_i}{n_i} \sum_{k=1}^{n_i} \left[1 - \frac{x_i^c(k)}{L_i} \right]^2 + \frac{\overline{V}_{i-1} \psi L_{i-1}}{n_{i-1}} \sum_{k=1}^{n_{i-1}} \left[\frac{x_{i-1}^c(k)}{L_{i-1}} \right]^2 \right\} \cdot$$

$$l_I \left[\cos^2 \overline{\theta}_i(j) + 1 \right];$$

$$C_i^c(j, r) = \left\{ \phi \, \overline{V}_{Ii} \left(\frac{1}{2} + n_{Ii} - r \right) + \frac{\overline{V}_i \psi L_i}{n_i} \sum_{k=1}^{n_i} \left[1 - \frac{x_i^c(k)}{L_i} \right]^2 + \frac{\overline{V}_{i-1} \psi L_{i-1}}{n_{i-1}} \cdot \right.$$

$$\left. \sum_{k=1}^{n_{i-1}} \left[\frac{x_{i-1}^c(k)}{L_{i-1}} \right]^2 \right\} l_I \left[2\cos\overline{\theta}_i(j) \cos\overline{\theta}_i(r) + \sin\overline{\theta}_i(j) \sin\overline{\theta}_i(r) \right];$$

$$D_{i-1}^c(j, k) = \frac{\psi \, \overline{V}_{i-1} x_{i-1}^c(k)}{n_{i-1}} l_{i-1}^c(k) \left[2\cos\overline{\theta}_i(j) \cos\overline{\varphi}_{i-1} + \sin\overline{\theta}_i(j) \sin\overline{\varphi}_{i-1} \right];$$

$$E_i^c(j, k) = \frac{\psi \, \overline{V}_i L_i l_i^c(k)}{n_i} \left(1 - \frac{x_i^c(k)}{L_i} \right) \left[2\cos\overline{\varphi}_i \cos\overline{\theta}_i(j) + \sin\overline{\varphi}_i \sin\overline{\theta}_i(j) \right];$$

$$H_{i-1}^c(j, r) = \frac{\psi \, \overline{V}_{i-1} L_{i-1}}{n_{i-1}} l_I \left[2\cos\overline{\theta}_i(j) \cos\overline{\theta}_{i-1}(r) + \sin\overline{\theta}_i(j) \sin\overline{\theta}_{i-1}(r) \right] \sum_{k=1}^{n_{i-1}} \frac{x_{i-1}^c(k)}{L_{i-1}}$$

$$\left[1 - \frac{x_{i-1}^c(k)}{L_{i-1}} \right];$$

$$I_{i+1}^c(j, r) = \frac{\psi \, \overline{V}_i L_i}{n_i} l_I \left[2\cos\overline{\theta}_i(j) \cos\overline{\theta}_{i+1}(r) + \sin\overline{\theta}_i(j) \sin\overline{\theta}_{i+1}(r) \right] \sum_{k=1}^{n_i} \frac{x_i^c(k)}{L_i} \left[1 - \frac{x_i^c(k)}{L_i} \right];$$

$$B_i^k(j) = \left(\frac{1}{2} + n_{Ii} - j \right) \frac{m_I g}{\cos\overline{\theta}_i(j)} + \frac{\overline{f}_{i-1} L_{i-1} \cos\left[\overline{\theta}_i(j) - \overline{\varphi}_{i-1} \right]}{n_{i-1}} \sum_{k=1}^{n_{i-1}} \frac{x_{i-1}^c(k)}{L_{i-1}} +$$

$$\frac{\overline{f}_i L_i \cos\left[\overline{\theta}_i(j) - \overline{\varphi}_i \right]}{n_i} \sum_{k=1}^{n_i} \left[1 - \frac{x_i^c(k)}{L_i} \right]$$

$$J_i^k(1) = -\frac{K_i^G(0)}{l_I}; \quad N_{i-1}^k(n_{i-1}) = -\frac{K_{i-1}^G(n_{i-1})}{l_I};$$

$$F_i^w(j) = \left\{ \phi(n_{Ii} - j + 1) \cdot 2 \overline{V}_{Ii} V_{Ii}^*(j) + \frac{2 \overline{V}_i \psi L_i}{n_i} \sum_{k=1}^{n_i} \left(1 - \frac{x_i^c(k)}{L_i} \right) V_i^*(k) + \right.$$

$$\left. \frac{2 \overline{V}_{i-1} \psi L_{i-1}}{n_{i-1}} \sum_{k=1}^{n_{i-1}} \frac{x_{i-1}^c(k)}{L_{i-1}} V_{i-1}^*(k) \right\} \cos\overline{\theta}_i(j);$$

$$O_i^m(k) = \frac{mL_i}{n_i} \left\{ \left[l_i^c(k) \right]^2 + \left[\rho_i^c(k) \right]^2 \right\};$$

$$P_i^m(j,\ k) = \frac{ml_I L_i}{n_i}\Big[1-\frac{x_i^c(k)}{L_i}\Big]l_i^c(k)\cos\big[\overline{\theta}_i(j)-\overline{\varphi}_i\big];$$

$$Q_i^m(j,\ k) = \frac{ml_I x_i^c(k)}{n_i}l_i^c(k)\cos\big[\overline{\theta}_{i+1}(j)-\overline{\varphi}_i\big];$$

$$O_i^c(k) = \frac{\psi\,\overline{V}_i L_i}{n_i}\big[l_i^c(k)\big]^2(\cos^2\overline{\varphi}_i+1);$$

$$P_i^c(j,\ k) = \frac{\psi\,\overline{V}_i L_i l_I l_i^c(k)}{n_i}\Big[1-\frac{x_i^c(k)}{L_i}\Big]\big[2\cos\overline{\theta}_i(j)\cos\overline{\varphi}_i+\sin\overline{\theta}_i(j)\sin\overline{\varphi}_i\big];$$

$$Q_i^c(j,\ k) = \frac{\psi\,\overline{V}_i l_I l_i^c(k)x_i^c(k)}{n_i}\big[2\cos\overline{\theta}_{i+1}(j)\cos\overline{\varphi}_i+\sin\overline{\theta}_{i+1}(j)\sin\overline{\varphi}_i\big];$$

$$O_i^k(k) = \frac{mgL_i}{n_i\cos\overline{\varphi}_i}l_i^c(k)+\frac{K_i^E(k)\Delta S_i(k)\cdot\big[l_i^r(k)\big]^2}{S_i^f(k)}+\frac{\sigma_0\big[l_i^r(k)\big]^2}{x_i^c(k+1)-x_i^c(k)}+K_i^G(k)+$$

$$\frac{K_i^E(k-1)\cdot\Delta S_i(k-1)\big[l_i^r(k)\big]^2}{S_i^f(k-1)}+\frac{\sigma_0\big[l_i^r(k)\big]^2}{x_i^c(k)-x_i^c(k-1)}+K_i^G(k-1);$$

$$R_i^k(k-1) = -\frac{K_i^E(k-1)\cdot\Delta S_i(k-1)l_i^r(k)l_i^r(k-1)}{S_i^f(k-1)}-\frac{\sigma_0 l_i^r(k)l_i^r(k-1)}{x_i^c(k)-x_i^c(k-1)}-K_i^G(k-1);$$

$$S_i^k(k+1) = -\frac{K_i^E(k)\Delta S_i(k)\cdot l_i^r(k)l_i^r(k+1)}{S_i^f(k)}-\frac{\sigma_0 l_i^r(k)l_i^r(k+1)}{x_i^c(k+1)-x_i^c(k)}-K_i^G(k);$$

$$F_i^\varphi(k) = \frac{2\psi\,\overline{V}_i L_i l_i^c(k)}{n_i}V_i^*(k)\cos\overline{\varphi}_i$$

◆◇ 附录 II

$$(*)=m,\ c$$

$$\boldsymbol{D}_{i-1}^{(*)} = \big[\,D_{i-1}^{(*)}(1)\quad\cdots\quad D_{i-1}^{(*)}(j)\quad\cdots\quad D_{i-1}^{(*)}(n_{Ii})\,\big]^{\mathrm{T}};$$

$$\boldsymbol{E}_i^{(*)} = \big[\,E_i^{(*)}(1)\quad\cdots\quad E_i^{(*)}(j)\quad\cdots\quad E_i^{(*)}(n_{Ii})\,\big]^{\mathrm{T}};$$

$$\boldsymbol{N}_{i+1}^{(*)} = \big[\,N_{i+1}^{(*)}(1)\quad\cdots\quad N_{i+1}^{(*)}(j)\quad\cdots\quad N_{i+1}^{(*)}(n_{Ii})\,\big]^{\mathrm{T}};$$

$$\boldsymbol{\Lambda}_{\varphi i}^{(*)} = \big[\,\Lambda_{\varphi i}^{(*)}(1)\quad\cdots\quad \Lambda_{\varphi i}^{(*)}(j)\quad\cdots\quad \Lambda_{\varphi i}^{(*)}(n_{Ii})\,\big];$$

$$\boldsymbol{H}_{\varphi i-1}^{(*)} = \big[\,H_{\varphi i-1}^{(*)}(1)\quad\cdots\quad H_{\varphi i-1}^{(*)}(j)\quad\cdots\quad H_{\varphi i-1}^{(*)}(n_{Ii-1})\,\big];$$

$$\boldsymbol{I}_{\varphi i+1}^{(*)} = \left[\, I_{\varphi i+1}^{(*)}(1) \quad \cdots \quad I_{\varphi i+1}^{(*)}(j) \quad \cdots \quad I_{\varphi i+1}^{m}(n_{Ii+1}) \,\right];$$

$$\Lambda_{ei}^{k} = \begin{bmatrix} B_i^k(1) & & & & \\ & \ddots & & & \\ & & B_i^k(j) & & \\ & & & \ddots & \\ & & & & B_i^k(n_{Ii}) \end{bmatrix};$$

$$D_{i-1}^m(j) = \frac{mL_{i-1}}{n_{i-1}} \sum_{k=1}^{n_{i-1}} \left\{ \left(1 - \frac{x_{i-1}^c(k)}{L_{i-1}}\right) \frac{x_{i-1}^c(k)}{L_{i-1}} l_{li-1} \cos\left[\overline{\varphi}_{i-1} - \overline{\theta}_i(j)\right] \right\};$$

$$E_i^m(j) = \frac{mL_{i-1}}{n_{i-1}} \sum_{k=1}^{n_{i-1}} \left\{ \left[\frac{x_{i-1}^c(k)}{L_{i-1}}\right]^2 l_{ri-1} \cos\left[\overline{\varphi}_{i-1} - \overline{\theta}_i(j)\right] \right\} + \frac{mL_i}{n_i} \sum_{k=1}^{n_i} \left\{ \left(1 - \frac{x_i^c(k)}{L_i}\right)^2 \cdot \right.$$
$$l_{li-1} \cos\left[\overline{\varphi}_i - \overline{\theta}_i(j)\right] \right\};$$

$$N_{i+1}^m(j) = \frac{mL_i}{n_i} \sum_{k=1}^{n_i} \left\{ \frac{x_i^c(k)}{L_i} \left[1 - \frac{x_i^c(k)}{L_i}\right] l_{ri} \cos\left[\overline{\varphi}_i - \overline{\theta}_i(j)\right] \right\};$$

$$\Lambda_{\varphi i}^m(j) = \frac{mL_{i-1}}{n_{i-1}} l_{ri-1} \cos\left[\overline{\theta}_i(j) - \overline{\varphi}_{i-1}\right] \sum_{k=1}^{n_{i-1}} \left[\frac{x_{i-1}^c(k)}{L_{i-1}}\right]^2 + \frac{mL_i}{n_i} l_{li} \cos\left[\overline{\theta}_i(j) - \overline{\varphi}_i\right] \cdot$$
$$\sum_{k=1}^{n_i} \left[1 - \frac{x_i^c(k)}{L_i}\right]^2;$$

$$D_{\varphi i-1}^m = \frac{mL_{i-1}}{l_I n_{i-1}} l_{ri-1} l_{li-1} \sum_{k=1}^{n_{i-1}} \left[1 - \frac{x_{i-1}^c(k)}{L_{i-1}}\right] \frac{x_{i-1}^c(k)}{L_{i-1}};$$

$$E_{\varphi i}^m = \frac{mL_{i-1}}{l_I n_{i-1}} (l_{ri-1})^2 \sum_{k=1}^{n_{i-1}} \left[\frac{x_{i-1}^c(k)}{L_{i-1}}\right]^2 + \frac{mL_i}{l_I n_i} (l_{li})^2 \sum_{k=1}^{n_i} \left[1 - \frac{x_i^c(k)}{L_i}\right]^2;$$

$$N_{\varphi i+1}^m = \frac{mL_i}{l_I n_i} l_{ri} l_{li} \sum_{k=1}^{n_i} \frac{x_i^c(k)}{L_i} \left[1 - \frac{x_i^c(k)}{L_i}\right];$$

$$D_{i-1}^c(j) = \frac{\psi \overline{V}_{i-1} L_{i-1}}{n_{i-1}} l_{li-1} \left[2\cos\overline{\varphi}_{i-1} \cos\overline{\theta}_i(j) + \sin\overline{\varphi}_{i-1} \sin\overline{\theta}_i(j)\right] \cdot$$
$$\sum_{k=1}^{n_{i-1}} \left\{ \left[1 - \frac{x_{i-1}^c(k)}{L_{i-1}}\right] \frac{x_{i-1}^c(k)}{L_{i-1}} \right\};$$

$$E_i^c(j) = \frac{\psi \overline{V}_i L_i}{n_i} \sum_{k=1}^{n_i} \left\{ \left(1 - \frac{x_i^c(k)}{L_i}\right)^2 l_{li} \left[2\cos\overline{\varphi}_i \cos\overline{\theta}_i(j) + \sin\overline{\varphi}_i \sin\overline{\theta}_i(j)\right] \right\} +$$
$$\frac{\psi \overline{V} L_{i-1}}{n_{i-1}} \sum_{k=1}^{n_{i-1}} \left\{ \left(\frac{x_{i-1}^c(k)}{L_{i-1}}\right)^2 l_{ri-1} \left[2\cos\overline{\varphi}_{i-1} \cos\overline{\theta}_i(j) + \sin\overline{\varphi}_{i-1} \sin\overline{\theta}_i(j)\right] \right\};$$

$$\Lambda_{\varphi i}^{c}(j) = \frac{\psi \overline{V} L_i}{n_i} l_{li} \left[2\cos\overline{\theta}_i(j)\cos\overline{\varphi}_i + \sin\overline{\theta}_i(j)\sin\overline{\varphi}_i \right] \sum_{k=1}^{n_i} \left[1 - \frac{x_i^c(k)}{L_i} \right]^2 +$$

$$\frac{\psi \overline{V} L_{i-1}}{n_{i-1}} l_{ri-1} \left[2\cos\overline{\theta}_i(j)\cos\overline{\varphi}_{i-1} + \sin\overline{\theta}_i(j)\sin\overline{\varphi}_{i-1} \right] \sum_{k=1}^{n_{i-1}} \left[\frac{x_{i-1}^c(k)}{L_{i-1}} \right]^2 ;$$

$$H_{\varphi i-1}^{c}(j) = \frac{\psi \overline{V} L_{i-1}}{n_{i-1}} l_{ri-1} \left[2\cos\overline{\theta}_{i-1}(j)\cos\overline{\varphi}_{i-1} + \sin\overline{\theta}_{i-1}(j)\sin\overline{\varphi}_{i-1} \right] \sum_{k=1}^{n_{i-1}} \left[1 - \frac{x_{i-1}^c(k)}{L_{i-1}} \right] \cdot$$

$$\frac{x_{i-1}^c(k)}{L_{i-1}} ;$$

$$D_{\varphi i-1}^{c} = \frac{\psi \overline{V} L_{i-1}}{l_l n_{i-1}} l_{ri-1} l_{li-1} (\cos^2\overline{\varphi}_{i-1} + 1) \sum_{k=1}^{n_{i-1}} \left[1 - \frac{x_{i-1}^c(k)}{L_{i-1}} \right] \frac{x_{i-1}^c(k)}{L_{i-1}} ;$$

$$E_{\varphi i}^{c} = \frac{\psi \overline{V} L_i}{l_l n_i} (l_{li})^2 (\cos^2\overline{\varphi}_i + 1) \sum_{k=1}^{n_i} \left[1 - \frac{x_i^c(k)}{L_i} \right]^2 + \frac{\psi \overline{V} L_{i-1}}{l_l n_{i-1}} (l_{ri-1})^2 (\cos^2\overline{\varphi}_{i-1} + 1) \cdot$$

$$\sum_{k=1}^{n_{i-1}} \left[\frac{x_{i-1}^c(k)}{L_{i-1}} \right]^2 ;$$

$$N_{\varphi i+1}^{c} = \frac{\psi \overline{V} L_i}{l_l n_i} l_{li} l_{ri} (\cos^2\overline{\varphi}_i + 1) \sum_{k=1}^{n_i} \frac{x_i^c(k)}{L_i} \left[1 - \frac{x_i^c(k)}{L_i} \right] ;$$

$$\Lambda_{\varphi i}^{k} = \frac{mgL_i}{l_l n_i \cos\overline{\varphi}_i} l_{li} \sum_{k=1}^{n_i} \left[1 - \frac{x_i^c(k)}{L_i} \right] + \frac{mgL_{i-1}}{l_l n_{i-1} \cos\overline{\varphi}_{i-1}} l_{ri-1} \sum_{k=1}^{n_{i-1}} \left[\frac{x_{i-1}^c(k)}{L_{i-1}} \right] ;$$

$$F_i^{\varphi} = \frac{2\psi \overline{V} L_i}{l_l n_i} l_{li} \cos\overline{\varphi}_i \sum_{k=1}^{n_i} \left(1 - \frac{x_i^c(k)}{L_i} \right) \cdot V_i^*(k) + \frac{2\psi \overline{V} L_{i-1}}{l_l n_{i-1}} l_{ri-1} \cdot \cos\overline{\varphi}_{i-1} \sum_{k=1}^{n_{i-1}} \frac{x_{i-1}^c(k)}{L_{i-1}} \cdot$$

$$V_{i-1}^*(k)$$

◆◇ **附录Ⅲ**

$$(*) = m, c$$

$$\boldsymbol{E}_{di}^{(*)} = \left[E_{di}^{(*)}(1) \quad \cdots \quad E_{di}^{(*)}(j) \quad \cdots \quad E_{di}^{(*)}(n_{li}) \right]^{\mathrm{T}} ;$$

$$\boldsymbol{\Lambda}_{d\varphi i}^{(*)} = \left[\Lambda_{d\varphi i}^{(*)}(1) \quad \cdots \quad \Lambda_{d\varphi i}^{(*)}(j) \quad \cdots \quad \Lambda_{d\varphi i}^{(*)}(n_{li}) \right] ;$$

$$\boldsymbol{\Lambda}_{di}^{(*)} = \begin{bmatrix} B_{di}^{(*)}(1) & \cdots & C_{di}^{(*)}(1,j) & \cdots & C_{di}^{(*)}(1,n_{Ii}) \\ \vdots & & \vdots & & \vdots \\ A_{di}^{(*)}(j,1) & \cdots & B_{di}^{(*)}(j) & \cdots & C_{di}^{(*)}(j,n_{Ii}) \\ \vdots & & \vdots & & \vdots \\ A_{di}^{(*)}(n_{Ii},1) & \cdots & A_{di}^{(*)}(n_{Ii},j) & \cdots & B_{di}^{(*)}(n_{Ii}) \end{bmatrix};$$

$$\boldsymbol{\Lambda}_{di}^{k} = \begin{bmatrix} B_{di}^{k}(1) & & & & \\ & \ddots & & & \\ & & B_{di}^{k}(j) & & \\ & & & \ddots & \\ & & & & B_{di}^{k}(n_{Ii}) \end{bmatrix};$$

$$A_{di}^{m}(j,r) = \left[m_I\left(\frac{1}{2}+n_{Ii}-j\right)+mL_V \right] l_I^2 \cos\left[\bar{\theta}_i(r) - \bar{\theta}_i(j) \right];$$

$$B_{di}^{m}(j) = m_I l_I^2\left(\frac{1}{4}+n_{Ii}-j\right)+mL_V l_I^2;$$

$$C_{di}^{m}(j,r) = \left[m_I\left(\frac{1}{2}+n_{Ii}-r\right)+mL_V \right] l_I^2 \cos\left[\bar{\theta}_i(r) - \bar{\theta}_i(j) \right];$$

$$E_{di}^{m}(j) = mL_V l_I l_{di} \cos\left[\bar{\theta}_i(j) - \bar{\varphi}_{ei} \right];$$

$$A_{di}^{c}(j,r) = \left[\varphi \bar{V}_{Ii}(n_{Ii}-j+1) + \psi\alpha L_H \bar{V}_{di} \right] \cdot l_I^2\left[2\cos\bar{\theta}_i(r)\cos\bar{\theta}_i(j) + \sin\bar{\theta}_i(r)\sin\bar{\theta}_i(j) \right];$$

$$B_{di}^{c}(j) = \left[\varphi \bar{V}_{Ii}\left(\frac{1}{2}+n_{Ii}-j\right) + \psi\alpha L_H \bar{V}_{di} \right] \cdot l_I^2\left[\cos^2\bar{\theta}_i(j)+1 \right];$$

$$C_{di}^{c}(j,r) = \left[\varphi \bar{V}_{Ii}\left(\frac{1}{2}+n_{Ii}-r\right) + \psi\alpha L_H \bar{V}_{di} \right] \cdot l_I^2\left[2\cos\bar{\theta}_i(j)\cos\bar{\theta}_i(r) + \right.$$

$$\left. \sin\bar{\theta}_i(j)\sin\bar{\theta}_i(r) \right];$$

$$E_{di}^{c}(j) = \psi\alpha L_H \bar{V}_{di} l_{di} l_I \cdot \left[2\cos\bar{\varphi}_{ei}\cos\bar{\theta}_i(j) + \sin\bar{\varphi}_{ei}\sin\bar{\theta}_i(j) \right];$$

$$B_{di}^{k}(j) = \left(\frac{1}{2}+n_{Ii}-j\right)\frac{m_I g l_I}{\cos\bar{\theta}_i(j)} + \frac{mgL_V l_I \cos\left[\bar{\theta}_i(j) - \bar{\varphi}_{ei} \right]}{\cos\bar{\varphi}_{ei}};$$

$$\Lambda_{d\varphi i}^{m}(j) = mL_V l_{di} l_I \cdot \cos\left[\bar{\theta}_i(j) - \bar{\varphi}_{ei} \right]; \quad E_{d\varphi i}^{m} = mL_V l_{di}^2;$$

$$\Lambda_{d\varphi i}^{c}(j) = \psi\alpha L_H \bar{V}_{di} l_{di} l_I\left[2\cos\bar{\varphi}_{ei}\cos\bar{\theta}_i(j) + \sin\bar{\varphi}_{ei}\sin\bar{\theta}_i(j) \right];$$

$$E_{d\varphi i}^{c} = \psi\alpha L_H \bar{V}_{di} l_{di}^2\left(\cos^2\bar{\varphi}_{ei}+1 \right);$$

$$\Lambda_{d\varphi i}^{k} = \frac{mgL_{V}l_{di}}{\cos\overline{\varphi}_{ei}}; \quad F_{di}^{\varphi} = 2\psi\alpha L_{H}l_{di}\overline{V}_{di}V_{di}^{*} \cdot \cos\overline{\varphi}_{ei};$$

$$F_{di}^{w}(j) = \left[\varphi(n_{Ii}-j+1)\cdot 2\,\overline{V}_{Ii}V_{Ii}^{*}+2\psi\alpha L_{H}\,\overline{V}_{di}V_{di}^{*}\right]\cdot l_{I}\cos\overline{\theta}_{i}(j);$$

$$A_{di}^{c}(j,\ r)\,\big|_{\gamma_{s}} = \left[\varphi\,\overline{V}_{Ii}(n_{Ii}-j+1)+\psi\alpha L_{H}\,\overline{V}_{di}\right]\cdot l_{I}^{2}\left[\cos\overline{\theta}_{i}^{\gamma}(r)\cos\overline{\theta}_{i}^{\gamma}(j)\cdot(\cos^{2}\gamma_{s}+1)+\right.$$
$$\left.\sin\overline{\theta}_{i}^{\gamma}(r)\sin\overline{\theta}_{i}^{\gamma}(j)\cdot(\sin^{2}\gamma_{s}+1)-2\sin\overline{\theta}_{i}^{\gamma}(j)\cos\overline{\theta}_{i}^{\gamma}(j)\sin\gamma_{s}\cos\gamma_{s}\right];$$

$$B_{di}^{c}(j)\,\big|_{\gamma_{s}} = \left[\varphi\,\overline{V}_{Ii}\left(\frac{1}{2}+n_{Ii}-j\right)+\psi\alpha L_{H}\,\overline{V}_{di}\right]\cdot l_{I}^{2}\left[\cos^{2}\overline{\theta}_{i}^{\gamma}(j)\cdot(\cos^{2}\gamma_{s}+1)+\right.$$
$$\left.\sin^{2}\overline{\theta}_{i}^{\gamma}(j)\cdot(\sin^{2}\gamma_{s}+1)-2\sin\overline{\theta}_{i}^{\gamma}(j)\cos\overline{\theta}_{i}^{\gamma}(j)\sin\gamma_{s}\cos\gamma_{s}\right];$$

$$C_{di}^{c}(j,\ r)\,\big|_{\gamma_{s}} = \left[\varphi\,\overline{V}_{Ii}\left(\frac{1}{2}+n_{Ii}-r\right)+\psi\alpha L_{H}\,\overline{V}_{di}\right]\cdot l_{I}^{2}\left[\cos\overline{\theta}_{i}^{\gamma}(r)\cos\overline{\theta}_{i}^{\gamma}(j)\cdot(\cos^{2}\gamma_{s}+1)+\right.$$
$$\left.\sin\overline{\theta}_{i}^{\gamma}(r)\sin\overline{\theta}_{i}^{\gamma}(j)\cdot(\sin^{2}\gamma_{s}+1)-2\sin\overline{\theta}_{i}^{\gamma}(r)\cos\overline{\theta}_{i}^{\gamma}(r)\sin\gamma_{s}\cos\gamma_{s}\right];$$

$$E_{d\varphi i}^{c}\,\big|_{\gamma_{s}} = \psi\alpha L_{H}\,\overline{V}_{di}l_{di}^{2}\cdot\left[\cos^{2}\overline{\varphi}_{ei}^{\gamma}(\cos^{2}\gamma_{s}+1)+\sin^{2}\overline{\varphi}_{ei}^{\gamma}(\sin^{2}\gamma_{s}+1)-2\sin\gamma_{s}\cos\gamma_{s}\sin\overline{\varphi}_{ei}^{\gamma}\cdot\right.$$
$$\left.\cos\overline{\varphi}_{ei}^{\gamma}\right];$$

$$\Lambda_{d\varphi i}^{c}(j)\,\big|_{\gamma_{s}} = \psi\alpha L_{H}\,\overline{V}_{di}l_{di}l_{I}\cdot\left\{\cos\overline{\theta}_{i}^{\gamma}(j)\cos\overline{\varphi}_{ei}^{\gamma}\cdot(\cos^{2}\gamma_{s}+1)+\right.$$
$$\sin\overline{\theta}_{i}^{\gamma}(j)\sin\overline{\varphi}_{ei}^{\gamma}\cdot(\sin^{2}\gamma_{s}+1)-\sin\gamma_{s}\cos\gamma_{s}\left[\sin\overline{\varphi}_{ei}^{\gamma}\cos\overline{\theta}_{i}^{\gamma}(j)+\right.$$
$$\left.\left.\sin\overline{\theta}_{i}^{\gamma}(j)\cos\overline{\varphi}_{ei}^{\gamma}\right]\right\};$$

$$E_{di}^{c}(j)\,\big|_{\gamma_{s}} = \psi\alpha L_{H}\,\overline{V}_{di}l_{di}l_{I}\cdot\left\{\cos\overline{\theta}_{i}^{\gamma}(j)\cos\overline{\varphi}_{ei}^{\gamma}\cdot(\cos^{2}\gamma_{s}+1)+\right.$$
$$\sin\overline{\theta}_{i}^{\gamma}(j)\sin\overline{\varphi}_{ei}^{\gamma}\cdot(\sin^{2}\gamma_{s}+1)-\sin\gamma_{s}\cos\gamma_{s}\left[\sin\overline{\varphi}_{ei}^{\gamma}\cos\overline{\theta}_{i}^{\gamma}(j)+\right.$$
$$\left.\left.\sin\overline{\theta}_{i}^{\gamma}(j)\cos\overline{\varphi}_{ei}^{\gamma}\right]\right\};$$

$$\Lambda_{d\varphi i}^{k}\,\big|_{\gamma_{s}} = \frac{(mgL_{V}+\psi\alpha L_{H}\,\overline{V}_{di}^{2}\sin\gamma_{s})l_{di}}{\cos\overline{\varphi}_{ei}^{\gamma}};$$

$$B_{di}^{k}(j)\,\big|_{\gamma_{s}} = \left(\frac{1}{2}+n_{Ii}-j\right)\frac{m_{I}gl_{I}}{\cos\overline{\theta}_{i}^{\gamma}(j)}+\frac{mgL_{V}l_{I}\cos\left[\overline{\theta}_{i}^{\gamma}(j)-\overline{\varphi}_{ei}^{\gamma}\right]}{\cos\overline{\varphi}_{ei}^{\gamma}}+\frac{(\varphi\,\overline{V}_{Ii}^{2}/2+\psi\alpha L_{H}\,\overline{V}_{di}^{2})l_{I}\sin\gamma_{s}}{\cos\overline{\theta}_{i}^{\gamma}(j)};$$

$$F_{di}^{\varphi}\,\big|_{\gamma_{s}} = 2\psi\alpha L_{H}l_{di}\overline{V}_{di}V_{di}^{*}\cdot\left[\cos\gamma_{s}\cos\overline{\varphi}_{ei}^{\gamma}-\sin\overline{\varphi}_{ei}^{\gamma}\sin\gamma_{s}\right];$$

$$F_{di}^{w}(j)\,\big|_{\gamma_{s}} = \left[\varphi(n_{Ii}-j+1)\cdot 2\,\overline{V}_{Ii}V_{Ii}^{*}+2\psi\alpha L_{H}\,\overline{V}_{di}V_{di}^{*}\right]\cdot$$
$$l_{I}\left[\cos\gamma_{s}\cos\overline{\theta}_{i}^{\gamma}(j)-\sin\overline{\theta}_{i}^{\gamma}(j)\sin\gamma_{s}\right]$$

◆◇ **附录Ⅳ**

$$(*) = m , c$$

$$E_{hi}^{(*)} = [E_{hi}^{(*)}(1) \quad \cdots \quad E_{hi}^{(*)}(j) \quad \cdots \quad E_{hi}^{(*)}(n_{Ii})]^{\mathrm{T}} ;$$

$$\Lambda_{h\varphi i}^{(*)} = [\Lambda_{h\varphi i}^{(*)}(1) \quad \cdots \quad \Lambda_{h\varphi i}^{(*)}(j) \quad \cdots \quad \Lambda_{h\varphi i}^{(*)}(n_{Ii})] ;$$

$$\theta_{hi}^{*} = [\theta_{hi}^{*}(1) \quad \cdots \quad \theta_{hi}^{*}(j) \quad \cdots \quad \theta_{hi}^{*}(n_{Ii})]^{\mathrm{T}} ;$$

$$F_{hi}^{w} = [F_{hi}^{w}(1) \quad \cdots \quad F_{hi}^{w}(j) \quad \cdots \quad F_{hi}^{w}(n_{Ii})] ;$$

$$\Lambda_{hi}^{(*)} = \begin{bmatrix} B_{hi}^{(*)}(1) & \cdots & C_{hi}^{(*)}(1, j) & \cdots & C_{hi}^{(*)}(1, n_{Ii}) \\ \vdots & & \vdots & & \vdots \\ A_{hi}^{(*)}(j, 1) & \cdots & B_{hi}^{(*)}(j) & \cdots & C_{hi}^{(*)}(j, n_{Ii}) \\ \vdots & & \vdots & & \vdots \\ A_{hi}^{(*)}(n_{Ii}, 1) & \cdots & A_{hi}^{(*)}(n_{Ii}, j) & \cdots & B_{hi}^{(*)}(n_{Ii}) \end{bmatrix} ;$$

$$\Lambda_{hi}^{k} = \begin{bmatrix} B_{hi}^{k}(1) & & & & \\ & \ddots & & & \\ & & B_{hi}^{k}(j) & & \\ & & & \ddots & \\ & & & & B_{hi}^{k}(n_{Ii}) \end{bmatrix} ;$$

$$A_{hi}^{m}(j, r) = [m_{I}\left(\frac{1}{2} + n_{Ii} - j\right) + M_{h} + mL_{V}] l_{I}^{2} \cos [\overline{\theta}_{hi}(r) - \overline{\theta}_{hi}(j)] ;$$

$$B_{hi}^{m}(j) = [m_{I}\left(\frac{1}{4} + n_{Ii} - j\right) + M_{h}] l_{I}^{2} + mL_{V} l_{I}^{2} ;$$

$$C_{hi}^{m}(j, r) = [m_{I}\left(\frac{1}{2} + n_{Ii} - r\right) + M_{h} + mL_{V}] l_{I}^{2} \cos [\overline{\theta}_{hi}(r) - \overline{\theta}_{hi}(j)] ;$$

$$\Lambda_{h\varphi i}^{m}(j) = E_{hi}^{m}(j) = mL_{V} l_{I} l_{di} \cos [\overline{\theta}_{hi}(j) - \overline{\varphi}_{ei}] ;$$

$$A_{hi}^{c}(j, r) = [\varphi \overline{V}_{Ii}(n_{Ii} - j + 1) + \psi \alpha L_{H} \overline{V}_{di}] \cdot$$
$$l_{I}^{2} [2\cos\overline{\theta}_{hi}(r) \cos\overline{\theta}_{hi}(j) + \sin\overline{\theta}_{hi}(r) \sin\overline{\theta}_{hi}(j)] ;$$

$$B_{hi}^{c}(j) = [\varphi \overline{V}_{Ii}\left(\frac{1}{2} + n_{Ii} - j\right) + \psi \alpha L_{H} \overline{V}_{di}] \cdot l_{I}^{2} [\cos^{2}\overline{\theta}_{hi}(j) + 1] ;$$

$$C_{hi}^{c}(j,\,r) = \left[\, \varphi\,\overline{V}_{Ii}\left(\frac{1}{2}+n_{Ii}-r\right)+\psi\alpha L_{H}\,\overline{V}_{di} \,\right]\,\cdot$$

$$l_{I}^{2}\left[\, 2\cos\overline{\theta}_{hi}(j)\cos\overline{\theta}_{hi}(r)+\sin\overline{\theta}_{hi}(j)\sin\overline{\theta}_{hi}(r) \,\right];$$

$$\Lambda_{h\varphi i}^{c}(j) = E_{hi}^{c}(j) = \psi\alpha L_{H}\,\overline{V}_{di} l_{di} l_{I}\,\cdot\,\left[\, 2\cos\overline{\varphi}_{ei}\cos\overline{\theta}_{hi}(j)+\sin\overline{\varphi}_{ei}\sin\overline{\theta}_{hi}(j) \,\right];$$

$$B_{hi}^{k}(j) = \left\{\left(\frac{1}{2}+n_{Ii}-j\right)m_{I}+M_{h}+mL_{V}\right\}gl_{I}/\cos\overline{\theta}_{hi}(j);$$

$$F_{hi}^{w}(j) = \left[\, \varphi(n_{Ii}-j+1)\,\cdot\,2\,\overline{V}_{Ii}V_{Ii}^{*}+2\psi\alpha L_{H}\,\overline{V}_{di}V_{di}^{*} \,\right]\,\cdot\,l_{I}\cos\overline{\theta}_{hi}(j);$$

$$E_{vi}^{(*)} = \left[\, E_{vi}^{(*)}(1) \quad \cdots \quad E_{vi}^{(*)}(j) \quad \cdots \quad E_{vi}^{(*)}(n_{I}) \,\right]^{\mathrm{T}};$$

$$\Lambda_{v\varphi i}^{(*)} = \left[\, \Lambda_{v\varphi i}^{(*)}(1) \quad \cdots \quad \Lambda_{v\varphi i}^{(*)}(j) \quad \cdots \quad \Lambda_{v\varphi i}^{(*)}(n_{I}) \,\right];$$

$$\theta_{vi}^{*} = \left[\, \theta_{vi}^{*}(1) \quad \cdots \quad \theta_{vi}^{*}(j) \quad \cdots \quad \theta_{vi}^{*}(n_{I}) \,\right]^{\mathrm{T}};$$

$$F_{vi}^{w} = \left[\, F_{vi}^{w}(1) \quad \cdots \quad F_{vi}^{w}(j) \quad \cdots \quad F_{vi}^{w}(n_{I}) \,\right];$$

$$\Lambda_{vi}^{(*)} = \begin{bmatrix} B_{vi}^{(*)}(1) & \cdots & C_{vi}^{(*)}(1,\,j) & \cdots & C_{vi}^{(*)}(1,\,n_{I}) \\ \vdots & & \vdots & & \vdots \\ A_{vi}^{(*)}(j,\,1) & \cdots & B_{vi}^{(*)}(j) & \cdots & C_{vi}^{(*)}(j,\,n_{I}) \\ \vdots & & \vdots & & \vdots \\ A_{vi}^{(*)}(n_{I},\,1) & \cdots & A_{vi}^{(*)}(n_{I},\,j) & \cdots & B_{vi}^{(*)}(n_{I}) \end{bmatrix};$$

$$\Lambda_{vi}^{k} = \begin{bmatrix} B_{vi}^{k}(1) & \cdots & C_{vi}^{k}(1,\,j) & \cdots & C_{vi}^{k}(1,\,n_{I}) \\ \vdots & & \vdots & & \vdots \\ A_{vi}^{k}(j,\,1) & \cdots & B_{vi}^{k}(j) & \cdots & C_{vi}^{k}(j,\,n_{I}) \\ \vdots & & \vdots & & \vdots \\ A_{vi}^{k}(n_{I},\,1) & \cdots & A_{vi}^{k}(n_{I},\,j) & \cdots & B_{vi}^{k}(n_{I}) \end{bmatrix};$$

$$A_{vi}^{m}(j,\,r) = \left[\, m_{I}\left(\frac{1}{2}+n_{I}-j\right)+mL_{V} \,\right]l_{I}^{2}\cos\left[\, \theta_{vi}^{a}(r)-\theta_{vi}^{a}(j) \,\right];$$

$$B_{vi}^{m}(j) = \left(\frac{1}{4}+n_{I}-j\right)m_{I}l_{I}^{2}+mL_{V}l_{I}^{2};$$

$$C_{vi}^{m}(j,\,r) = \left[\, m_{I}\left(\frac{1}{2}+n_{I}-r\right)+mL_{V} \,\right]l_{I}^{2}\cos\left[\, \theta_{vi}^{a}(r)-\theta_{vi}^{a}(j) \,\right];$$

$$\Lambda_{v\varphi i}^{m}(j) = E_{vi}^{m}(j) = mL_{V}l_{I}l_{di}\cos\left[\, \theta_{vi}^{a}(j)-\overline{\varphi}_{ei} \,\right];$$

$$A_{vi}^{c}(j,\,r) = \left[\,\varphi\,\overline{V}_{li}\left(n_I - j + \frac{1}{2}\right) + \psi\alpha L_H\,\overline{V}_{di}\,\right] \cdot$$

$$l_I^2\left[\,2\cos\theta_{vi}^{a}(r)\cos\theta_{vi}^{a}(j) + \sin\theta_{vi}^{a}(r)\sin\theta_{vi}^{a}(j)\,\right];$$

$$B_{vi}^{c}(j) = \left[\,\varphi\,\overline{V}_{li}\left(\frac{1}{4} + n_I - j\right) + \psi\alpha L_H\,\overline{V}_{di}\,\right] \cdot l_I^2\left[\,\cos^2\theta_{vi}^{a}(j) + 1\,\right];$$

$$C_{vi}^{c}(j,\,r) = \left[\,\varphi\,\overline{V}_{li}\left(\frac{1}{2} + n_I - r\right) + \psi\alpha L_H\,\overline{V}_{di}\,\right] \cdot$$

$$l_I^2\left[\,2\cos\theta_{vi}^{a}(j)\cos\theta_{vi}^{a}(r) + \sin\theta_{vi}^{a}(j)\sin\theta_{vi}^{a}(r)\,\right];$$

$$\Lambda_{v\varphi i}^{c}(j) = E_{vi}^{c}(j) = \psi\alpha L_H\,\overline{V}_{di}l_{di}l_I \cdot \left[\,2\cos\overline{\varphi}_{ei}\cos\theta_{vi}^{a}(j) + \sin\overline{\varphi}_{ei}\sin\theta_{vi}^{a}(j)\,\right];$$

$$A_{vi}^{k}(j,\,r) = -l_I^2\left[\,K_3^z\sin\theta_{vi}^{a}(j)\sin\theta_{vi}^{a}(r) + K_3^{\gamma}\cos\theta_{vi}^{a}(j)\cos\theta_{vi}^{a}(r)\,\right];$$

$$B_{vi}^{k}(j) = (mgL_V + \overline{T}_z)l_I\cos\theta_{vi}^{a}(j) + (\psi\alpha L_H\,\overline{V}_{di}^2 + \overline{T}_y)l_I\sin\theta_{vi}^{a}(j) +$$

$$\left(n_I - j + \frac{1}{2}\right)l_I\left[\,m_I g\cos\theta_{vi}^{a}(j) + \varphi\,\overline{V}_{li}^2\sin\theta_{vi}^{a}(j)\,\right] +$$

$$\left[\,-l_I^2K_3^z\sin^2\theta_{vi}^{a}(j) + K_4^z l_I\cos\theta_{vi}^{a}(j)\,\right] +$$

$$\left[\,-l_I^2K_3^{\gamma}\cos^2\theta_{vi}^{a}(j) + K_4^{\gamma}l_I\sin\theta_{vi}^{a}(j)\,\right];$$

$$C_{vi}^{k}(j,\,r) = -l_I^2\left[\,K_3^z\sin\theta_{vi}^{a}(j)\sin\theta_{vi}^{a}(r) + K_3^{\gamma}\cos\theta_{vi}^{a}(j)\cos\theta_{vi}^{a}(r)\,\right];$$

$$F_{vi}^{w}(j) = \left[\,\varphi\left(n_I - j + \frac{1}{2}\right) \cdot \overline{V}_{li}V_{li}^{*} + \psi\alpha L_H\,\overline{V}_{di}V_{di}^{*}\,\right] \cdot 2l_I\cos\theta_{vi}^{a}(j)$$